黑洞：
科學・文學與藝術

國立中央大學

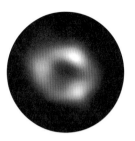

活動合影，左起：詩人白靈、中文系李欣倫教授、天文所陳文屏教授、人文藝術中心李瑞騰主任、副校長顏上堯教授、編劇林孟寰、歷史所蔣竹山教授、科學教育中心朱慶琪主任。

活動大合照。

座談活動

照片集錦

國立中央大學副校長顏上堯教授開幕致詞。

天文所陳文屏教授幽默簡明的為觀眾普及黑洞知識。

歷史所蔣竹山教授從「大歷史」的角度講述黑洞的歷史書寫。

人文藝術中心李瑞騰主任談論以黑洞發想的流行歌曲創作。

科教中心朱慶琪主任講解影視作品中黑洞的
呈現。

詩人白靈講述新詩如何以黑洞呈現出豐富意
象。

編劇林孟寰為觀眾介紹他兩部以黑洞為題的
戲劇。

中文系李欣倫教授進行觀察報告。

（拍攝者：圖書館鄭均輝）

人文與科學的對話

周景揚

　　由中央大學與余紀忠文教基金會共同辦理的余紀忠講座，2022年邀請中研院賀曾樸院士主講〈史上首張直接觀測到的黑洞影像〉，我因另有要公無法與會聆聽，非常遺憾。本講座舉辦多年，主講者都是一時之選，講題新穎，極富當代感，這幾年都編成專書，讓新知得以廣泛流傳，讓講座擴大其影響。

　　相應於賀院士之科研演說，本校人文藝術中心以「人文與科學對話」的角度，聯合科學教育中心和圖書館，策劃了一場「黑洞：科學、哲學與人文藝術」座談會，邀請天文學家、科學教育者、歷史學者、詩人、劇作家，多面向探討黑洞，從天體、政體到人體，重點在黑洞成為一個人文意象的多元表現和運用。

大學本該如此，我們一方面要在體制內外讓理工學生提升人文素養，讓人文社會學科的同學有機會接收科研訊息，進而增進他們的學習，在現實生活和未來的人生產生作用。最近，AI風行天下，本校除原有AI之教研持續精進，通識教育中心開設了「人工智慧跨域應用學程」，文學院哲研所舉辦「人本AI論壇」，學士班則努力推動「AI時代的跨域學習」等，皆旨在提供人社領域學生跨域學習新科技的機會，以利學生將來進入職場能得心應手。

　　科學飛躍向前，社會變化駿快，我們的高等教育必須與時俱進，過去分院分系導致學科主體堅強卻壁壘分明的情況，應該力求改變，中大作為國內頂尖學府，全校師生應該更積極調適，以堅定革新之姿迎向未來。

目次　CONTENTS

黑洞：科學‧文學與藝術

輯一 ｜ 座談

時間： 2022年12月20日 10:00-12:00
地點： 107電影院（人文社會科學大樓1樓）
主持： 李瑞騰、朱慶琪
引言： 陳文屏、蔣竹山、李瑞騰、朱慶琪、白靈（莊祖煌）
　　　林孟寰、李欣倫

顏上堯
從各個方面認識不一樣的黑洞

李瑞騰：副校長、今日的主持人朱老師，各位學者、專家，遠道而來，非常感謝。最近黑洞的消息特別多，站在大學的立場上，怎麼樣把黑洞的議題擴大、深化、跨領域，對我們來說是非常重要的。今天很高興能請到顏上堯副校長來開場，讓我們鼓掌歡迎。

顏上堯：李主任、朱主任、各位貴賓、各位同仁大家好。很感謝人文藝術中心、科教中心和圖書館共同舉辦「黑洞：科學、哲學與文學藝術」座談會。今年學校的人文研究中心與藝文中心整合成「人文藝術中心」是一個校級的功能性行政單位，透過組織改造，希望更有效推動學校相關的人文活動，今天的座談會就是人文藝術中心所推動的系列活動之一。

今天主題是「黑洞」，大家都知道黑洞在天文學是很熱門的議題，上週學校舉辦的「余紀忠講座」，邀請到賀曾樸院士跟我們分享人類史上第一張黑洞影像的觀測歷程。在人文社會的世界裡，也有很多黑洞相關的作品，詮釋人類對黑洞的另一種認知，即是今天要討論的一個主題。

今天的貴賓包括：人文藝術中心李瑞騰主任、科教中心朱慶琪主任、天文所陳文屏教授、歷史所蔣竹山教授、中文系李欣倫教授、詩人白靈、編劇林孟寰先生。

很感謝大家的出席，預祝今日的活動圓滿順利，每一個人都有一個很棒的知識饗宴，謝謝。

　　李瑞騰：謝謝副校長。如顏副校長所説，人文藝術中心於今年2月1日正式成立，它之前分別為幾個單位，一是屬於校級研究中心的人文研究中心；二是從屬於總教學中心的藝文中心；再來就是崑曲博物館。我們的崑曲博物館非常特殊，它是世界少見且典藏豐富，並以強大能量推動崑曲的小型博物館。從去年開始，就醞釀將人文藝術中心整合成一個行政單位，推動的過程還算順利。2月1日正式成立，藝文中心延到8月進來，所以等於8月1日全員到齊，9月正式掛牌。

　　中心在過去累積了大量的經驗，希望在這個基礎上更進一步推動校園的人文深耕、藝術的展演及相關活動，當然崑曲博物館更會持續不斷努力。

　　人文與科學的對話，是人文藝術中心一個非常重要的工作項目。我個人非常希望，這個活動以後都可以得到理學院科學教育中心的協助。科學教育中心放在理學院，可以做一個科學普及化的教育工作，人文藝術中心從行政單位的立場上，與科教中心密切合作，校園的相關業務應會更順理成章。上一次我們已經辦了一場「挺進南北極」的活動，請朱主任大力幫忙，效果非常好。

　　這一次特別得到圖書館的協助，圖書館在上週協辦有關賀院士第一張黑洞影像的專題演講，館內展出和黑洞有關的資料以及賀院士的著作，今天也共同參與辦理。以上把活動背景跟各位説明一下，我宣布今天的座談會正式開始，謝謝！

陳文屏
「黑洞」這個東西

朱慶琪：昨天與工作人員確認今天流程時，詢問是否會錄影？他們回答：「會」，我就有點緊張了，因為他們發了一個手冊給我，是上一次的「挺進南北極」，我驚覺在上次活動中胡説八道的話，全部被寫進那小冊子。我超緊張，所以想今天要謹言慎行，可是有些東西是掩蓋不住的，待會兒若還是胡説八道，就請大家多多包涵。

由我主持的部分有三位講者，第一位是我們天文所的陳文屏教授。私下跟大家分享，全國甚至全世界，我覺得講科普演講講得最好的，陳教授絕對在前三名，其實我偷偷把他排第一名。陳教授講科普演講的功力非常有名，今天他就是我們的第一場講者，來告訴我們「黑洞」究竟是個什麼東西，讓我們歡迎陳教授。

陳文屏：謝謝朱老師，她剛提到胡説八道，但其實不胡説八道就沒東西可以講。「黑洞」是什麼東西？其實我也不知道。如果我問水有多大，水可以是一杯，也可以是個海洋，它沒有大小；空間有多大？也一樣，其實黑洞也類似。它不是「一樣」東西，而是「一種」東西。先講結論：黑洞就是在某個地方塞進太多東西，那地方太擠了，以致於萬有引力強大到任何東西都跑不出來，連跑得最快的光也跑不出來，那地方就叫「黑洞」。剩下

的就是細節了。黑洞很擁擠，把空間都扭曲了。對了，今天的演講涵蓋了科學、哲學與人文，覺得好像叫「科文哲」啊！

在這場合，我非常期待能聽到別人怎麼想像黑洞。黑洞是個日常生活的用語，譬如報紙上會看到什麼東西淪為黑洞：財政黑洞，意思就是東西掉進去了，出來的不多。字典這麼形容黑洞：某個地方引力非常強，以致於沒有東西，沒有能量、物質能夠逃脫，它就叫黑洞。

我要在一、兩分鐘內，把這張投影片講完，我了解這個場合有點不一樣，不過我老師魂上身，一定要解釋簡單的物理。講黑洞能不能不講物理？可以！不過那太乏味了。我們了解一些東西的道理，也滿有意思的。大家都知道物質有三態，冰、水、蒸氣，這三種性質都不一樣，溫度升高以後，從固態不太能亂動，小東西原子跟分子不太能亂動；溫度再升高，它們還是黏在一起，可是它可以稍微動一下；若溫度繼續升高，有了能量，分子就可以自由地跑，成了蒸氣，這就是三態。第四態是什麼呢？第四態就是把這個東西再加熱，原子當中的正電、負電就分開來了，這就是所謂的電漿態。

為什麼叫四態？因為這四態的性質都不一樣，今天講的黑洞是另外一種態。先來一點物理：東西含得越多質量越大，或者是體積縮得越小，在某個體積裡面塞越多東西，它的表面引力就會很大。我們站在地球的表面就會有地心引力，如果把一個銅板往上丟，到達最高點停下來就會掉回來了；如果我丟很用力，它越爬越高就越來越慢，可是當它爬高時，受到的引力也越來越小，把它拉回來的趨勢越來越小。所以如果以某個臨界速度來丟，銅板會持續變慢，但它不會停下來，一直慢慢地跑，就跑出去

了。發射火箭一定要大過這個臨界的速度，在地表這是時速4萬公里，比這個快就回不來了，比這個慢就要掉回來。真空中的光速，是宇宙間傳遞訊息最快的了，每秒30萬公里，相當於時速10億公里，從地表發射光線，當然一去不回。

所以黑洞是什麼？沒有東西跑出來，連光都不行，把剛才的物理丟進去算，得到黑洞的大小，取決於它所包含物質的多寡；也就是說，把太陽這麼多東西，塞進三公里大小，就成了黑洞。但是大家都學過密度、體積，這樣的黑洞密度是每CC裡面包含了1後面跟著16個0（2×10^{16} g/cm^3），這麼多東西。這是多少呢？比了才知道，水是1（g/cm^3），大家就知道這有多緊密了。可是很妙，黑洞的的大小跟質量成正比，但密度隨著體積變大而變小（很多）。例如兩倍太陽質量的黑洞，直徑成了兩倍，也就是6公里，因此體積成了8倍（三次方），密度也就下降成了（2／8）成了四分之一，密度變小了。所以一億倍太陽質量的黑洞，半徑為3×10^8公里，一除，它的密度是跟水差不多，這種黑洞一點都不可怕，是吧。

黑洞真是個奇怪的東西，只要數學上滿足這個條件就叫黑洞，有些很可怕，有些黑洞沒什麼特殊。剛才說光線跑得很快，地球抓不住，太陽也抓不住，所以我們才看到太陽。太陽死掉之後，因為沒有核子燃料，就會縮下去，而變成白矮星，差不多只有地球般大小，密度很高，引力很大，發出來的光線會稍微有點彎曲。比我們太陽質量大的星球，死掉以後會變成中子星，它的光就彎曲得更厲害，但都不致於讓光線「彎回去」。

黑洞就是它的光彎回去了，這樣外面的觀測者就看不到它，它就叫黑洞。黑洞就是沒有發出光線的東西，如果沒有發出光

線，我們怎麼「看得到」呢？答案就是靠它吃東西的時候，東西掉進黑洞，黑洞本身雖然不發光，可是吃的東西掉進去的過程，沒有吃乾淨，一部分掉進去，一方面就噴出來，我們就看到噴出來的現象，或者是鄰近黑洞的東西發光，我們就看到黑洞的剪影。人類觀測到黑洞的第一張照片，就是看到黑洞旁邊的光線。我們沒有直接看到黑洞，雖然中間有個黑黑的。

有一部很好看的電影《星際效應》，黑洞特效很棒。在這張影像出來時，人類還沒有真正觀測到黑洞的照片，是想像所製作出來的。中間有個黑洞，周圍的東西發光，東西吸進來，形成盤狀結構，於是有了一個盤狀發光的樣子，這是電影特效。

到2016年，已偵測到兩個黑洞合併，造成引力改變，時空受到扭曲。我們在地球上的實驗，利用雷射干涉原理，偵測到時空變形改變了儀器的長度，也就是觀測到由萬有引力所產生的重力波。這是我們銀河系的中心，有個很大的黑洞。在還沒有看到影像之前，我們就猜它是黑洞了，為什麼呢？因為我們去量它周圍的星星都繞著這個中心轉，就發現在空無一物的地方一定得有四百萬個太陽質量這麼大，才有引力讓旁邊的星星以那樣的軌道繞行。我們今天拿一個石頭來轉，手一定要握著，不然石頭會飛走，一定要給它這樣的力量，才能夠維持轉的運動，就是這個道理。銀河系中心有個四百萬倍太陽質量的黑洞，而有些星系的中心甚至有數億倍太陽質量的黑洞。

這就是2019年第一張由「事件視界望遠鏡（Event Horizon Telescope, EHT）」拍攝的影像。黑洞光線跑不出來的邊界就叫「事件地平」，因為那裡面發生什麼我們都不知道。這個EHT它取得一個叫做M87的星系影像，它是個很遠很遠的星系，它有噴

在紅外波段所拍攝的銀河系中心高解析　　長期監測附近的恆星，發現它們都快速繞行
影像。Sgr A* 標示銀河系動力中心，　　Sgr A*（星號），需要4百萬倍太陽質量產
看起來似乎空無一物。　　　　　　　　　生的引力。數據動畫請見
　　　　　　　　　　　　　　　　　https://galacticcenter.astro.ucla.edu/learn-about-our-galaxy.html

（陳文屏提供）

流，而噴流就是我剛才講的，吃東西掉出來的東西。這是M87由
望遠鏡拍到的影像，以及EHT拍到的黑洞。這是黑洞的剪影，黑
洞在中間，實際大小比這個黑色部分還小大概四、五倍。可是它
旁邊的東西吸進來的時候發亮，因為它會轉，所以兩邊的亮度有
些不一樣。

　　EHT利用地球表面不同的望遠鏡的訊號，彼此干涉來獲得清
晰的影像。干涉的意思就是，用這個望遠鏡看一個角度，再用不
同的望遠鏡看不同角度，所見的影像聚集起來，做建設性的干涉
以後，就能看得比較清楚。所以在地球上用不同的望遠鏡，相當
於把地球當作望遠鏡的基線來觀測，當然就看得比較清楚。EHT
用不同的電波望遠鏡，構成干涉陣列，取得高解析度的影像。

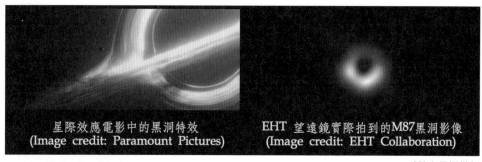

星際效應電影中的黑洞特效
(Image credit: Paramount Pictures)

EHT 望遠鏡實際拍到的M87黑洞影像
(Image credit: EHT Collaboration)

（陳文屏提供）

　　2022年發布了銀河系中心的黑洞影像。銀河系中心離我們比較近，大概三萬光年，M87當中的黑洞則離我們五千多萬光年，之所以先發表遠的，是因為看銀河系中心的視線，有很多塵埃、氣體遮擋，資料處理困難得多。有意思的是，銀河中心的黑洞也像個甜甜圈的樣子，也都跟物理理論預期一致。

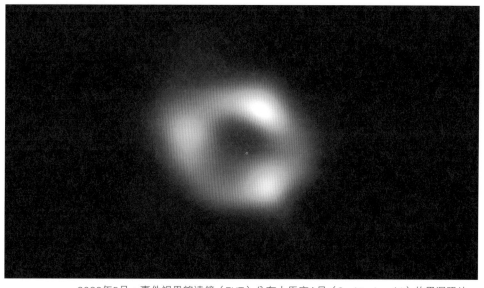

2022年5月，事件視界望遠鏡（EHT）公布人馬座A星（Sagittarius A*）的黑洞照片。
（陳文屏提供）

結論，黑洞就是在某個地方塞進太多東西，以致於時空極度的彎曲。東西可以讓空間彎曲，沒有質量的光就跟著彎曲的空間走，就連光線也跑不出來了。黑洞本身不會發光，但它會影響周圍的天體，而讓周圍的天體發出訊息，我叫它「吃東西漏屑」。透過吃東西，我們就可以推測黑洞存在。恆星級的黑洞，就是恆星不再發光後的屍體，它們的密度非常高。這種黑洞很可怕，科幻小說裡面的都是這種黑洞，因為掉進去就出不來了，掉進去就變黑洞的那種物質狀態。這種黑洞沒辦法直接看到，實在太小了。但是有很多間接的證據，像是噴流等。質量越大的黑洞，密度越小，很多星系中間的超大質量黑洞，密度跟水差不多。

　　在2019年和2022年發布的M87以及銀河系中心的黑洞，就是直接取得的證據。我們還是沒有看到黑洞，但是可以看到黑洞的影像符合理論的預測，這是科學的勝利。謝謝。

蔣竹山
「大歷史」視角下的「黑洞」

朱慶琪：大家應該聽得意猶未盡，剛剛陳文屏老師已經幫我們破題了，就是「科、文、哲」的範疇，現在有請歷史所的蔣教授出場，您是第二棒。

蔣竹山：謝謝主持人，副校長、主任、各位老師、同學，大家早安。我是歷史所蔣竹山。今天我被交派一個任務，要來談談黑洞如何轉化到人文領域，以及它可以用來說明或比喻什麼，所以要談的課題比較大。我本身是研究醫療史，尤其是東北人蔘的歷史，這幾年也研究一些環境史。

我是清華大學歷史所畢業，1991年進去時，正好有位天文物理學家──黃一農教授也剛到清華教書，所以那時上歷史課，都像在上天文課，他把天文社會學、天文社會史的概念帶進來，甚至把蘋果電腦的使用方式帶進教學，因此那時上課雖然是在學人文，卻學到非常多天文物理的知識。

我今天不太能夠講黑洞，主要會放在歷史學這幾年的大轉向。大家都知道，歷史學家看起來在研究過去，但也是在預測未來。這幾年有些書，像《西方憑什麼》或《人類大歷史》都有提到。我們就是一個研究時間的學問，其實跟天文有點像，比如我們現在看到星球的光，其實是過去消失的東西。歷史學家這幾年有個大變化，就是過去研究的時間尺度比較短，像是五十年的歷史，現在則反過來研究長時

段的歷史，一談幾百年或數千年。

我們常在大學推甄時問高中生，你高中三年最熟悉的一本課外讀物是什麼？過去前十年大多都講《三國志》，後來跑出一個《萬曆十五年》，很多高中生會去讀黃仁宇的著作，這非常奇特，這本書其實在講單獨的年代1587年，也就是明朝歷史衰頹的一個開端。這幾年還有個變化，就是高中生關注的時間好像變大了，有一本很暢銷的科普書叫《槍炮、病菌與鋼鐵》，所以從《萬曆十五年》到《槍炮、病菌與鋼鐵》，可以看到高中生閱讀的興趣已經跨學科。

我要談的是我這幾年最常講的研究課題，所謂的「長時段回歸」。現在歷史學家研究的時間跨度已經變大，過去歷史學家最安全的研究範疇，就是回推五十年的歷史，現在你可以看到研究的尺度變大了，所以我稱為「大歷史的回歸」，就是現在歷史學跟天文學的研究範疇有了一些連結。

一張圖看懂大歷史

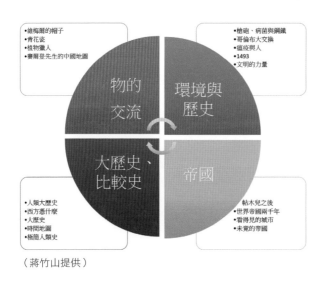

（蔣竹山提供）

各位從這張PPT圖可以看到一些史家研究的新趨勢。現在的歷史到底在研究什麼？大概有四個領域。這四個領域和今天的課題有關的就是大歷史、比較史，我自己是研究醫療、環境史。可以從這張圖看出，現在的歷史學家在關注什麼。剛才講到的《槍炮、病菌與鋼鐵》，是屬於右上角的，作者賈德・戴蒙（Jared Diamond）其實是一位演化生物學家，他提出的問題很大，是有關在近代世界的形成過程中，為什麼是西方占優勢？而不是非洲人或他做田野的新幾內亞。左下角的大歷史、比較史跟我們的討論有關，就是當代的歷史學家都開始跨學科。例如天下文化這幾年出了一本非常暢銷的書，叫《人類大歷史》。有些談的時間更長，從地球誕生之前去談，就涉及大歷史、極簡人類史的部分，還有些是談物的交流及帝國。這個時間，你會看到我們這幾年在與跨學科領域交流時，會談到人文與科學之間，對時間研究的看法不太一樣。

　　我很喜歡在演講的時候問學生，某一段時間會發生什麼事情。過去歷史所教的，多從有人類文明開始，大概是農業革命之後。而前面的部分，好像就是地球科學的範圍，但是現在不是了。現在人文和科學之間的連結，也就是所謂大歷史的寫法，會將時間跨度再往前推，這就是科學的範疇，但過去寫歷史不會這樣寫。還沒有人類文明的部分似乎與我們無關，但實際上並不是這樣，所以130億年前發生什麼？45億年前發生什麼事？7萬年前又發生什麼事？後面的時間段是我們比較熟悉的，而前面的時間段，就像陳老師所講的，宇宙大爆炸、地球形成跟黑洞相關的課題。你會看到，這個看起來是科學，但在大歷史的研究中，已經把這一段甚至到7萬年前的認知革命也加入。也就是人類開始使用火，大腦結構發生改變的時候，還有20萬年前智人在東非。

《大歷史》。（取自維基百科）

我今天就從這個故事開始談。這幾年有一些關於大歷史的作品，推薦給大家認識。首先是辛西婭・斯托克斯・布朗（Cynthia Stokes Brown）寫的《大歷史》，它是2007的著作，臺灣於2017年翻譯。那時在推全球大歷史，出版社找我寫導讀，大家可以看看。從副標題「從宇宙大霹靂到今天的人類世界」能看出，寫法非常不一樣，可以看見近幾年歷史學的大歷史回歸。有一段時間，歷史研究對大歷史也有關注，但這幾年的大歷史寫法又跟過去不太一樣了。能從這本書看到，作者如何去談自137億年前大霹靂、星系演變、生命誕生直到農業革命等。

我們人文教師向學生介紹「宇宙」這個領域最常用比喻的方式來說明，這有點像是「科普」，透過比喻可以讓學生了解130億年前是什麼樣的概念。向學生介紹時，通常是將手臂伸出來比喻宇宙大爆炸的長度。人類出現在哪裡？大家猜猜看，假設手臂是宇宙大爆炸後的時間段，很多學生說人類文明是指甲那麼長，但其實是指甲屑而已。所以我們常常講，現在的地球是一個人類的時代，因為這一百年人類對地球造成的影響，遠超過去所有的文明。所以在研究歷史的時候也

要帶回過去，把時間放大時，才會知道這一百年的影響之大。

　　甚至用一年的長度去看，假設一月一日是宇宙大爆炸，九月一日是太陽形成，地球出現則是九月十六日，人類會出現在哪裡？恐龍滅絕發生在十二月三十日。人類其實是在跨年倒數的最後幾秒才出現。所以過去太過於強調人類的歷史，沒辦法從整體的角度看到地球未來的走向是什麼，我們就要往前回推。

　　這幾年比爾・蓋茲（Bill Gates）贊助幾千萬美金給澳洲歷史學家進行「大歷史」的計畫，歷史學者大衛・克里斯提安（David Christian）是大歷史學會的創始人，並與辛西婭・斯托克斯・布朗等人在澳洲合作進行此計畫。1989年克里斯提安在麥考瑞大學講授「大歷史」。1991年發表〈為「大歷史」辯護〉談歷史研究應該要跳脫過去以人為主的歷史書寫。2004年更寫了一本《時間地圖》的書，臺灣翻譯成《大歷史》。2010年比爾蓋茲贊助「大歷史」計畫，且此計畫目前仍持續進行，在網路上搜尋也可見相關的成果。克里斯提安與布朗有許多合作的作品，用全新的治史方法含括整個人類及130億年前宇宙大爆炸最初生成的歷史。

　　克里斯提安以時間和空間融入傳統的歷史書寫，用科普的方式向大眾介紹。「大歷史」課程以中學生為主，後來更延伸到大學，我們學校的天文與科學非常強，也很適合推動到通識課程，將此二者與人文結合作課程上的調整。很抱歉，我這個部分完全沒有談到黑洞，反而用比較長的篇幅去看「大歷史」。大家可以觀察《大歷史》一書的前面幾章是如何書寫的？歷史學家在這部分以一種新的寫法將科學放進歷史書寫裡。例如第一部「無生命的宇宙」共有三章，其中一章談到黑洞、暗物質等相關主題，這就是所謂「大歷史」的書寫。克里斯提安和布朗後來也出版好幾本書，比如《大歷史：虛無與萬物之間》。

另外一位學者弗雷德‧斯皮爾（Fred Spier）也是大歷史學會的成員，寫有《大歷史與人類的未來》。這些都是近年常看到的大歷史書寫。我過去在演講的時候很喜歡放這個影片（Star Size Comparison 2，影片網址：https://youtu.be/GoW8Tf7hTGA），等一下座談如果有時間，也許可以播放這個六分多鐘的影片。人其實在地球上非常渺小，地球放在宇宙裡又更小了。每次學生跟我說有什麼不愉快的事情，我就會播放這部影片給他看。這影片非常好的地方在於它把地球和其他星球做比較，最後就不見了。這六分鐘可以看到星系、宇宙、甚至是多重宇宙是不是存在的問題，影像效果非常震撼。我今天的引言就到這邊，謝謝。

李瑞騰

陳奕迅的〈黑洞〉和
吳青峰的〈太空〉

　　朱慶琪：謝謝蔣教授，接下來請李主任來講述關於流行文化的東西。李主任會談我心目中的神——陳奕迅與音樂精靈吳青峰，兩人皆是凡人所無法觸及的高度，他們的作品中也有以黑洞或太空為發想主題的創作，我們請李主任分享，謝謝。

　　李瑞騰：我想請各位聽聽陳奕迅的〈黑洞〉（影片網址：https://youtu.be/Mr8NaPtPPRk），他是用粵語唱的，MV拍得很好，是非常有趣的作品。這部作品收錄在他的專輯《準備中》，時間長度大概三分

陳奕迅《準備中》。（取自維基百科）

鐘，我們稍微聽一聽這首歌曲。

影像很棒，歌詞也是，作詞家是袁兩半，是香港著名作詞家潘源良的筆名，他有許多歌詞在香港歌唱界非常有名。這個作品毫無問題寫的是愛情，「夜幕是無盡　暗中多少個黑洞／看著似是愛　星空飄送／曾如何情重　曾是真摯與自信／卻叫我掉進這半空中／好比火星跟水星相戀　有過燦爛影蹤／但你轉到某一個時空　失去了互通／今天儘管可始終相擁　眼裡卻沒溝通／沒法對抗倒數這時鐘　一種愛千種刺痛」，訴說人與人之間的相遇和分離，而這裡面有巨大的黑洞。

黑洞在這個地方作為一種譬喻，從文學的角度來說，比較重要的還是當我們從事寫作時，有一個意念或情感想要表達，自然界當中有這麼樣一個大家好像懂又好像不太懂的黑洞意象。剛剛陳文屏教授也講得非常清楚，讓我們知道黑洞到底是什麼。現在我們在文學作品中到處都看得見黑洞的意象，我們再聽一下青峰的〈太空〉（影片網址：https://youtu.be/LV7eT2_VwMw）。青峰大家都很喜歡，他的〈太空〉拍得很好，聲音也非常好聽。

歌詞裡「航行太空、心太空」兩個意象並置，一個是太空人在太空當中，而這個專輯就叫做《太空人》（他有另一首歌曲叫〈太空人〉）；另一個就是「我」，所以他寫的其實是人與人之間的相遇、彼此之間的互動。這裡面特別的是，「我的窗口潮汐隨風翻湧／你的舉動　都是水中黑洞／現實的夢　你總不癢不痛／不見我困窘　我失重漂流」，講的就是我的心，「在深夜發瘋」、「溺在洪水中」，都是一次又一次，在你我的相對關係中，我無止境地，沉溺，被吞沒。

吳青峰《太空人》。（取自維基百科）

　　在使用黑洞的這個部分，我們從文學的角度來看還是很簡單的，不過我們可以感覺到整個詩的氛圍，是一種想像，與科學連結在一起，一種虛無的情境。我們等一下就來聽聽詩人怎麼談這個問題，謝謝。

朱慶琪

電影《黑洞》和《星際效應》

朱慶琪：謝謝，所以詩人是要壓軸的，等一下我們的詩人和編劇，關於藝術創作的討論會晚一點進行。同時也呼應剛才蔣老師，如果學生失戀來找我，我就會安慰他，別這麼傷心，也許在另一個平行宇宙，對方是愛你的。接著我的學生就會哭得更大聲，「我就要這個宇宙，不要平行的！」三位講者都已講完了，現在我要將主持棒交給李主任。

李瑞騰：我們下半場要先請朱主任先來談兩部電影，《黑洞》跟《星際效應》，大家鼓掌歡迎。

朱慶琪：我覺得這段安排很有趣，誰會想來聽我談電影？我是個物理系的教授，根本不懂電影。你們聽我談這個，不如去看老高（老高與小茉 Mr & Mrs Gao）、超粒方，或是超級歪（超級歪 SuperY），他們都比我講得好太多。所以我的重點不在我多瞭解這些電影，私底下跟大家講，這是李主任交給我的功課，既然是功課，就要認真做。史上第一部與黑洞有關的電影，出現得很早，是1979年的《黑洞》，原本傷腦筋要如何找到這部電影，最後終於在Disney+看到。而《星際效應》則是很多年前看過，必須跟大家坦承，今天來演講前，我沒有時間再看一次，直接就我記憶向大家分享。

首先比較一下兩部電影的海報，第一張是《黑洞》，請大家諒解1979年的風格，畢竟距離現在已經要五十年了，所以不要批評它

《黑洞》電影海報。（取自維基百科）

《星際效應》電影海報。（取自Yahoo奇摩電影戲劇）

《星際效應》電影海報。（取自維基百科）

的風格，第二張是《星際效應》，第三張也是大家熟悉的《星際效應》。各位有沒有發現，他們所應用的元素？當他們要講述神秘的、對於空間結構方面的，或是令人不知所以然的事物，都很喜歡採用圓形、旋轉呈現。從《星際效應》這張看來，我覺得太空船旋轉的結構很有趣，但我的學生都不覺得，這就是老師魂上身了。我們在看電影時，都會看到一些，可能不是這個背景（專業）就看不出來的梗。那我今天單純就兩部電影分享，大家可以感受這兩部電影海報的異同。

接下來，我們再看一下他們的預告（《黑洞》預告片網址：https://youtu.be/qzUJJKDa558；《星際效應》預告片網址：https://youtu.be/g0mWHu0KAJA）。

我讀一下我Facebook的貼文：受邀主持與談「黑洞：科學、哲學與文學藝術」座談會（嗯～聽起來很酷）；於是看了主辦單位建議的《黑洞 The Black Hole, 1979》（結果尷尬癌發作）；然後想起我愛的MUSE（看看那些專輯名稱Origin of Symmetry Absolution, Black Holes and Revelations, The Resistance, The 2nd Law）；以及多年前想做的科普主題「搖滾樂裡的物理」（學生瘋狂勸退：老師，千萬母湯！沒有人會來聽啦！）才發現學生也沒說錯，那些用黑洞包裝的，骨子裡依然是愛情的傻、失戀的傷、愛恨交織的惆悵。

2014年的《星際效應》應該比較多人知道，也比較多人看過。我這邊問一下，有人看過這部電影嗎？謝謝。沒有舉手的同學，非常推薦去觀賞。當然這是預告，不會劇透的。

它的預告其實有好幾部，我從中挑了一部，主要是給大家比較這兩部片的感覺。它們共通的地方，就在於人性。

我們看一下裡面的機器人。舊的這一部機器人是左邊這張，我承認自己在看的時候一直被它的眼珠帶開注意力，不斷出戲。如果感覺

這部電影的做工粗糙，其實也代表我們一直在進步。右邊則是《星際效應》其中一個機器人。很妙的是，從以前《星際大戰》較早期的機器人，到現在機器人的外形設計，出現了很大的變化，從模仿人的形象轉變成完全脫鉤，是概念上很大的躍進。在配樂方面，很希望大家都能仔細聽聽，尤其《星際效應》的配樂真的非常厲害，連我這個音樂麻瓜都深受感動。

再來是我從電影裡頭摘錄出來的一句話：*"I'm not afraid of death. I'm an old physicist. I'm afraid of time."*「我是一個老物理學家，我害怕的不是死亡，我怕的是時間。」同學們如果看過這位導演（克里斯多福‧諾蘭）的其他作品，就會發現，他非常喜愛「時間」這個主題。比如《全面啟動》、《天能》，都扣著這個主題發展。接下來這張畫面，可以看見電影中男的帥，女的美，如果物理學家都長這樣，我們物理系招生沒問題了。這邊所摘錄的台詞很重要，即*"Love is the one thing that transcends time and space."*「唯一能穿越時間和空間的，其實是愛」。雖然當初看到這一段的時候，心中有點尷尬，感到女主角所言未免牽強，但可以明白背後想傳達的意思，以及當中行為的意義。

再下一段所說的是角度，*"We used to look up at the sky and wonder at our place in the stars, now we just look down and worry about our place in the dirt."*。我們從地球去看，就想要去找我們在宇宙中的位置。電影的劇情提到，地球已經要毀滅了，必須要找到下一個星球，移民過去。下一張的台詞很有趣，*"Once you're a parent, you're the ghost of your children's future."*，發生在女兒覺得自己的房間鬧鬼，會聽到奇怪的聲音，正好呼應了這句話的意思，至於對應電影中的哪一段，歡迎大家在看電影時探索，後勁很強。再來是「牛頓

運動定律」 *"Newton's third law. You gotta leave something behind."*，其中的意境是，如果要往前走，勢必要丟掉一些東西。接下來是機器人與男主角的對話，細節可以從網路上看，現在設計的人工智能（AI），已經非常發達，發達到我們這些教授都要失業了，AI寫論文都比我們好，去投稿期刊還會得到刊登。但是在人性方面，AI的幽默感呢？同理心呢？這是這段對話想要呈現的。

劇中女兒叫墨菲，「墨菲定律」的墨菲，女兒不喜歡，因為這名字常被取笑，每當有什麼不好的事情發生，都要扯到墨菲身上。*"Murphy's law doesn't mean that something bad will happen. It means that whatever can happen will happen."*，這是父親對女兒所說的，父親告訴她，這個名字絕不是壞預兆或是我們不愛你，而是代表該發生的事情就是會發生。

最後我想以這句話做結尾，*"The cosmos is within us. We are made of star-stuff. We are a way for the universe to know itself."* 人類非常渺小，我們存在的價值是什麼？意義又是什麼？這兩部電影我看到的都是人性，人性的好奇、人性的探索，以及冒險，也包含親情、愛情、友情等等。它只是用酷炫的主題，把東西包裝起來，最終想要呈現的是人性。以上就是我看了這兩部電影，非常膚淺的看法，分享給大家。

白靈
寫黑洞的詩

李瑞騰：謝謝。我們給朱主任鼓掌。我們原來是請朱主任談79年那部《黑洞》，我看到了資料知道它是科學普及最早的電影。當時想請朱主任簡單以科普的角度來談這部電影，但她回應說還有更好的作品。

剛才提到陳奕迅〈黑洞〉的歌曲，有人將它配上《星際效應》的畫面，呈現出來的效果非常好。接著就請到詩人白靈，來談自己或者其他詩人，如何將黑洞呈現在作品當中。白靈本身是讀科學的人，是化工系的教授，大家都知道他這位詩人。我們歡迎白靈。

白靈：各位老師、同學好，我受命來談一下黑洞詩。我在四十幾年前，就寫過以黑洞為名的詩，當時得到中國時報敘事詩首獎。可是我覺得自己沒有寫得很好，向陽老師那時寫的〈霧社〉，比我更好，他得了第二名。後來我出版了名為《大黃河》的詩集，當時有過不少討論，我現在很後悔，應該要叫《黑洞》才對。詩是在寫中共政權，1974年發生第一次天安門事

白靈《大黃河》。（取自Google圖書）

件，大家可能比較清楚1989年那一次，而遺忘了74年的時候。可惜經過了四、五十年，中共依舊是一個黑洞，一直沒有改變，我感到非常遺憾。

剛才朱主任他們展示過的黑洞照片。我們知道，只要是黑色的洞，都可能有萬種風情。因為看不清全貌，也就會帶來各種隱喻。剛才李瑞騰老師給我們看青峰的〈太空〉，裡面提到「愛不是擁有就是被吞沒」，這是一種黑洞情感，我們叫「黑洞情節」。

網路上找得到的黑洞樣貌，「黑」就是看不見，「洞」則是進去就出不來。可是大家都想要在黑洞裡穿梭自如，於是有了許多隱喻。

這部分的資料是屬於天文的，我不是這方面的專家。聽說，宇宙有數百億星系，光銀河系就有千億顆恆星，至少有上億個黑洞。黑洞就像是子宮一般，裡面可能有超大的黑洞存在，它的中心應該會有更大的黑洞。所以我們能藉此理解到，天體怎麼樣，人類的社會便是怎麼樣。它是一種投射與縮影，地球即是宇宙的縮影。

2003年，NASA說，宇宙中看得見的物質僅佔4%，23%是暗物質，其餘是暗能量。那種大質量、小體積、不發光的，就叫黑洞。拿社會比喻就是大神或黑勢力，全世界最出名的是羅斯柴爾德家族，據說世界上一半的財產是他們的。有一句話說，洛克菲勒是屬於共和黨的，摩根家族是屬於民主黨的，而這兩個家族的背後，就是羅斯柴爾德。到今天依然如此。這便是整個地球、人類世界最大黑洞──羅斯柴爾德。

我這樣強調，各位可再去瞭解羅斯柴爾德。黑洞之於人類是現象，人類社會就是宇宙的縮影，從上面所提到的物質可見比例來看，就能知道，看不見的是永遠大於看得見的。這就讓詩人有機可乘了，因為不可見，所以詩人怎麼說，也就怎麼信了，呈現出曖昧不明的狀

態。

巴什拉是法國哲學家，他說：「詩歌便不再是一種人的偶發事件、枝節、消遣。它也許是創造性演化的原則本身。人也許有一種詩的命運。」這句話可以把它記下來，當作文學的主軸。所謂創造性演化的原則本身，指出詩不是因為人類才有，而應是遍佈在宇宙，無處不在。它是一種宇宙透過人類所顯現出來的能量，於是才能在人身上發現詩的存在。

所以詩是宇宙現象，兩者之間並不是比喻關係。因此，黑洞必定在演化原則之中。我們對黑洞的瞭解是查無實物，事出有因，我曾經講過一句話：「詩是宇宙之花」。詩不只是文學規律而已，更是「宇宙的潛意識」，如同我剛才講過的，它就是宇宙現象之一，不管是哪個星球，都有詩人能做出反映此宇宙現象的詩，因為它涵蓋了宇宙的能量。

詩又是什麼東西呢？我們知道，詩就是在有限與無限邊緣產生的東西。有限稱作實，無限稱為虛，虛實加在一起即是詩，也就等於看不見加上看得見的，兩者相撞時，就產生了詩。就像跟一個人談戀愛，你看得見他的外貌，卻看不見他的內在，這兩相衝突才有了詩情畫意。這是一個很簡單的道理，看不見才是正常的，能看得見就怪了。所以詩是一種「有與無」、「虛與實」的關係。

如果用愛因斯坦相對論（$E = mc^2$）來看，會發現那方程式本身就是一首詩。E就是能量，m是質量，E為「虛／空／無／無限／不顯現」；m是「實／色／有／有限／顯現」，因此不顯現必須用可以顯現的東西，才能感受到。就像必須擁抱對方才能感受到愛情的甜美，否則柏拉圖戀愛就沒什麼意思了。

我為什麼要談這個，這才能讓我後續談詩有意義。$E = mc^2$代表的

象		意	
實		虛	
物質		精神	
外(表)		內(裡)	
看得見的		看不見的	
物	事	理	情
形象思維		理想思維	感情
具形象(意象化的)		抽象的(概念的)	
客觀的觀照對象		邏輯條理秩序	主觀的感觸
有		無	
色		空	
有限		**無限**	
$m c^2$	$=$	E	

詩與 $E = mc^2$ 的關係表。（白靈提供）

是，任何一克的物質等於一千瓦的電鍋連續開約三千年的能量，「有限」其實是「無限」的，也就是所有看得見的東西，是無限看不見能量的暫時集合體。如同「色即是空，空即是色」的道理。也就能看出來，E是混沌，m是暫時的顯現。當它往上發展，就成為宗教神秘力量；當它往下，就變成了戰爭、革命、政治運動；當它曖昧就成為作品，當它加入迷狂，就是性跟愛。混沌就是黑洞，所有能量集中的地方。我們搞不清楚，但它存在著。

　　我畫了一個表（上圖），解釋詩與 $E = mc^2$ 的關係。詩就在這個等號「＝」的通道裡面，來往自如，如同談戀愛時，擁抱肉身是m，想知道他的內在就跑到E。愛情也是大家都知道，卻沒有人搞得清楚，

像極了黑洞，代入詩也是同樣的道理。所以，詩、愛情、黑洞根本就是同一件事。

還有蕭紅《呼蘭河傳》裡，寫大街上有一個洞，經常掉進雞、鴨、鵝、馬，但沒有人願意去填洞，就變成娛樂大家的黑洞。以及第五章所談，為了治療媳婦的病，把她丟進大缸子，以熱水去燙，最後把人燙死了。也就變成了愚昧的黑洞。

任明信《你沒有更好的命運》裡面這首〈宇宙學〉（組詩）寫得不錯，很白話，從「伽利略告訴我們」第一句開始到「你也不是」，文字都很白話。講到黑洞時，他把「恆星」作「恆心」，依據後面幾句來看，如果用的是「星」字，就不是詩了，但以「心」來看，就有了意思。什麼是「恆心將死」呢？你對它失望了嗎？我們不知道。

再講到宇宙冷暗物質時，看到「除了回憶／以外的那些」，就是冷暗物質，這句很有趣。除了回憶以外的那些──是冷暗物質，冷暗物質是什麼？又代表什麼呢？以及這首講宇宙，提到「整個宇宙／正在互相遠離」這背後的力量，就叫暗能量，使宇宙膨脹，有可能是黑洞造成的，但目前還不清楚。

另外一位詩人陳少，詩集《被黑洞吻過的殘骸》，這個黑洞是指什麼呢？可能比前面一位詩人更難懂。在目錄可以看到，寫了很多關於星體的東西。這在我前輩和同輩詩人間，很少會這樣做，現在年輕的詩人才會把星體、黑洞等東西帶進創作中。可以去看看余光中、洛夫那一輩，沒有這些東西。現在才能發現這些物理學相關漸漸進入到詩作當中，變得很有趣。

這首〈眼球〉寫到「像火柴畫出黑洞／影子被拉長」等句，他在講什麼是火柴，什麼又是黑洞，呈現出與性相關的意思。因為火柴是長形的，而黑洞是看不見的。映對另外一首〈騷〉，當中「十七、八

歲快按捺不住／情與色的費洛蒙」、「逼迫你離開既單純／既躁動既汙染的青草泥土」兩段，講述性對年輕人無法控制的一面，必須透過爆發才能緩解情緒。

另外一首〈Atmosphere〉，是在講什麼呢？其中提到「那炯炯的黑洞／指涉彼此的呼吸」一段，這個黑洞像是女體的一部分，他寫得很隱微，整篇都是這樣的調性，寫得不清不楚，但指涉很明確，而這種指涉表現得很曖昧，曖昧就是組成詩的重要性質。

詩人湖南蟲，詩集《最靠近黑洞的星星》，星星靠近黑洞是很危險的，可能會被吸進去，但靠近的同時又始終不受其吸引的張力，讓人覺得很棒。談戀愛就是要像這樣，靠近卻不被吃掉的狀態，極具張力。這首〈神說〉，其中以一朵雲象徵那顆最靠近黑洞的星星，每一首都有這樣的意思。在後記裡面，作者提到：因為看到了黑洞照片，雖然很無聊，卻反映出人內心的缺乏和虛空，並理解到，這些年來試圖讓一切瓦解，又不確定能不能承受瓦解的心情，確定了自己要當最靠近黑洞的星星，才能夠繼續寫詩。

或許是被吞沒，或許是擁有。不能擁有，我就靠近你，可是不被你吞沒。就像是在自殺邊緣寫詩，哪天如果不寫詩了，就是自我毀滅的那天。

接下來是我寫的詩〈漩渦〉，也是承續我寫的〈黑洞〉講述中共政權。當中的水流、水滴也可換作宇宙、星群，對應到黑洞。

我寫的〈鐘乳石〉，是我曾經到美國南部的鐘乳石洞，是一個大概有幾十個足球場這麼大的地下洞。旅客集合好後，導遊把燈一關，什麼都看不見，彷彿置身於黑洞當中。身邊的人全都不見的孤寂感，當燈一亮起來，心自然就暖了，各位可以想像黑洞有多可怕，這首詩就是想寫這樣的感覺。透過「向下的鐘乳」與「向上的石筍」在黑暗

中相觸來呈現，如果你跟另外一個人，你看不見他，他看不見你，當你滴水回聲，他也同樣回應你，並且越來越接近，直到兩人碰觸到對方，就如同鐘乳和石筍在黑洞中最終相握一樣，是不是很曖昧又很溫暖？

所以詩是可見的語言文字（質／5%）與人內心（能／95%）互動的「關係」，是一種兩面的作戰。談戀愛也是這樣，你既跟對方的5%（外在）談戀愛，也跟未知的95%（內在）談戀愛，你就很容易掉入黑洞。

最後要講的是，黑洞在詩中是宇宙潛意識的展現形式。第一個，它是難以破解的謎，它是黑不見底的欲望。第二個，它是致命的吸引力，像是性與愛。第三個，它也許是空洞的，可能是夢、美、對象、理想、共產主義等的投影；再來，它幾乎是基因式的，因為這是宇宙能量顯現在我們身上的秘密。最後，它是時空、色空在人身上的縮影，因為大腦就是宇宙的縮影，現在有一門學問正是大腦宇宙學，各位可以找來看一看。詩就是宇宙混沌般、黑洞般現象的不確定性，及當下性、客觀性的展現形式，它具備色空不二，色和空是同一個東西。氣血同體，就像我們身上氣和血的關係。同質異構，就像我們和星星之間微小的差異。多一相應，所有的東西就歸於一（能量）。永瞬等值，永恆和瞬間沒有差別。囚逃互纏，既想逃開又想進去。聚散循環，既想擁抱又想離開它，這就是人性。謝謝各位。

林孟寰

讓這個世界維持一個未知的魅力

李瑞騰：謝謝白靈，與哲學有關的都提到了，所以今天還是有哲學的。因為時間的關係，稍微調整議程，回應的部分我們暫時取消。今年在臺北藝術節，有一部叫《黑洞春光》的戲，後半年又一部戲叫《沙發有黑洞！》，編劇就在現場，大家歡迎林孟寰先生。

林孟寰：老師、各位同學大家好，我是林孟寰，大家可以叫我大資。今天很高興有機會可以在這裡和大家分享我的創作。我主要從事編劇，也做導演的工作，我的創作橫跨影視、舞台劇、兒童劇。因為喜歡說故事，所以各類型的故事其實都會想要挑戰。

我老家在雲林，在臺中長大，小時候最喜歡去的地方就是科博館。臺中的科博館有家庭卡，類似年票，你可以一直去，我國小最高紀錄好像一年去了七十幾次。第一張五十格蓋完還蓋了第二張的一半。那時候非常著迷在一個充滿未知、巨大知識的世界，也曾想過以後會往這方面發展，但學業變得越來越難之後，就發現我的科學項目，尤其是數學很爛，就放棄這條路，變成一個文科生。

因為從小對科學有嚮往，同時也是阿宅，很喜歡看動漫，有機器人想像的世界，因此科學與我的距離成為我創作的動力。有些創作關懷的是當下心境，或是社會此時此刻發生的事情，對我來講會覺得有一個距離感，這能激發我很多創作想像，是很浪漫的事情。我寫歷史劇，同時也在劇場創作比較獨特的科幻舞台劇系列。大家通常覺得

科幻劇需要很多特效、大資本才能拍成電影，它在劇場怎麼做？我自己很喜歡科幻題材的創作，所以就開始嘗試用劇場手法呈現科幻的題材。這幾年大概做了六、七個發表的作品，這些作品有些和科技相關，例如討論科技對人的影響，像是AI；有一些是透過科幻主題來講人性或哲學，例如靈魂是一種演算法嗎？這種題目。

科幻題材在小說領域發展比較完全，被分類出硬科幻、軟科幻等標籤，而影視領域的創作近來也時常標舉「輕科幻」風格，例如影集《黑鏡》系列等。這類創作通常從一項新的科技產品的出發，探索對人性造成的影響。不管是硬科幻還是現在流行的輕科幻，其實都拉近人與科學的距離，也是拉近故事與現實的距離。我自己覺得科學家與科幻創作者，在某個本質上很相像，我們都在追求某種真實，這種真實對科學家來講是科學上的真實，但對科幻創作者或者藝術家來講，追求的是故事上、心靈上的真實，人性真實的存在。

戲劇最特別的一點，是當下的體驗。你走進劇場、電影院，當下看到什麼就是什麼，小說這頁看不太懂，放慢速度或多讀幾次，就看懂了，但戲劇很容易是「所見即所得」，觀賞當下的理解十分重要。因此在科幻戲劇創作時，必須考量其娛樂形式。會思考講科幻、科學時到底濃度要多高？設定太複雜可能觀眾會錯過資訊，或跟不上要講的故事，而陷入不理解當中。我們看到很多科幻故事，常常圍繞著人性、情感也是這個原因，因為這部分最容易和觀眾產生共感。我們在做科幻設定時，也會留意大眾對你要談的科學題目所需具備的知識水準、各種既定印象或期待。

對我來說，剛好有兩個作品，一個是兒童劇，一個是實驗戲劇的創作，都有提到黑洞。黑洞對我來說，是本身密度很高，且有進不出的空間，好像成為了象徵，可以呼應人性最幽暗的地方。黑洞看似沒

《沙發有黑洞！》海報。（取自AM創意官網）

有出口，可若將它延伸到其他關於黑洞的討論，例如，黑洞和白洞的關係、黑洞和蟲洞的關係，突然又很開闊。例如當你穿透了這個未知的、最黑暗的地方，它有可能到一個同樣未知，但具有另一種希望、可能性的空間，這就是我覺得在科幻中，為什麼黑洞對於大眾有一種神祕召喚的原因。對我來說，黑洞既是一個幽暗沒有出口的地方，但它可能也是一個新的未知的出口。所以我這兩個作品基本上是從這個想法出發的。

　　首先向大家介紹兒童戲劇《沙發有黑洞！》，改編自駱以軍作品，內容描述他和兩個兒子互動的親子片段。但舞台劇需要完整的結構，所以就構思出這個非典型且鬼主意很多的爸爸、拘謹的大兒子、調皮搗蛋的小兒子。小兒子雖到處搗亂，但是比較得人疼，而什麼事都好好做的哥哥卻感覺他和父親與這個家都疏遠了。因此當親子衝突

《黑洞春光》海報。（林孟寰提供）

爆發後，故事就設定出現一個出口，也就是黑洞。哥哥在心情最鬱悶時，被黑洞召喚，而黑洞通往了異世界。這個異世界讓他做不同的自己，而在哥哥陷入異世界後，父親和弟弟就將沙發改造成太空船，將心靈變得黑暗的哥哥拉回，最後再次穿越黑洞，回到這個家。這個故事的整個意象關於心靈的出口，通往另一個有可能性的世界。可以說是另一個平行時空，但也可能只是另外一個宇宙。

　　下一個作品和大家分享的是《黑洞春光》，是今年臺北藝術節的一個節目。這個故事在講2006年的一名身為同志的青少年，剛來到臺北，不敢出櫃也不敢接觸社群，覺得非常鬱悶，想要尋找能夠排解慾望的地方。他聽說北車地下街有某間廁所開了一個洞能夠滿足需求。因為找不到洞，於是決定自己挖一個。沒想到挖穿之後，連接到

了蟲洞、黑洞。就從2006年連接到2045年的臺灣，一個被中國統治的臺灣的未來世界。他在那裡認識同樣心靈空虛的另一個少年，兩人一開始是情慾的交流，後來產生了真實的情感。但是這個洞稍縱即逝，很快就消失了。於是他們不斷尋覓找這個洞，努力讓他們這段關係能超越這四十年的時空，重新連結。

對我來説，黑洞的意象在這個戲裡非常重要，是否真有一個黑洞連接了兩邊？還是他們自己在心靈最幽暗角落的幻想或期待？當他們連接上的那刻，不管是在這個故事的架構裡，或是舞台的呈現上，都有一種神奇的效應。黑洞寂寞的意象，很能形成一個促使人想要去和他人產生更深刻連結的情感召喚。

最後，我想要聊的是為什麼要寫科幻？為什麼要寫黑洞？為什麼不能是打開一個魔法衣櫃走進去的異世界？對我來説，科幻最大的魅力，是一個基於現實延伸的想像。這個距離感是若遠似近的，它要近得讓人引發好奇，但不至於稀鬆平常；也不能過於疏遠到難以理解和親近。科學的探索是打開我們對於世界的想像，我們身為一個創作者，尤其科幻創作者，會試著用我們理解的科學去建構想像中的世界。戲劇創作者多半還是從人性、情感面去發展故事，當有了這些科幻的情境發生，這些活在當下的人，會如何反應？會做出什麼選擇？就會是我們用心思去揣摩的地方。

有時科幻作品創造出來的產品或社會情境，可能那時候會覺得是超現實的，但過了幾十年，它不知不覺就好像被現實追上了。我們剛好就是在逐一看到很多以前覺得不可能出現的東西，漸漸出現在我們生命中的過程。在座的同學可能無法感受到，但老師們一定有感受到，現在就是有一台電腦可以握在手上、裝在口袋裡，這是很神奇的

事情，是只有以前看電影會出現的，但現在我們已經不用多作解釋也習慣它的存在。

　　對我來説，黑洞最有意思的就是學者們也都還在探索黑洞到底是怎麼一回事，對創作者來説，黑洞的存在就是讓這個世界還繼續維持著一個未知的魅力。我的分享到這邊，謝謝大家。

李欣倫
我們再觀察看看！

李瑞騰：我以前曾經看過一部戲，非常喜歡，是在臺北水源劇場看的《嫁妝一牛車》，是林孟寰的戲，這次林孟寰能來，我非常高興。因為時間關係，本來有個環節是讓剛剛幾位回過頭來談一談，但現在沒辦法了。我們就邀請李欣倫教授，今天以一個觀察員的身分在這裡坐了兩個小時，看看她觀察到了什麼。請李老師。

李欣倫：各位老師，各位同學大家好。我的觀察報告主要分兩部分，第一部分是今天的知識、科技和人文的對話，以黑洞為主題。首先，陳教授言簡意賅地以科普小教室的方式讓我們在簡短的時間內就能認識黑洞。黑洞的「只進不出」，或者是無法觀察到的特質，陳教授用很生活、生動的譬喻，例如「吃東西」這個概念就很鮮明，也很形象化。接下來是蔣教授回到教學現場，從大歷史的角度來看，這個是近幾年歷史書寫的趨勢。我們通常學到的都是人類文明後的歷史，但其實我們很少關心像130億年前、45億年前地球的歷史是什麼？這邊也讓我們看到撰寫大歷史的知名學者，他們筆下的科學史、歷史和科學如何放在一個敘事當中，被優美地闡述出來。接著是朱教授帶來兩部相隔快四十年的電影，剛剛朱教授有提到《黑洞》和《星際效應》要如何找到一個共通的關鍵詞，那就是人性，其實這也是我們在討論黑洞，像李主任為我們帶來的兩首抒情之歌，都是以太空或是黑

洞為主軸，也就是抓緊這兩者作為某種象徵或意象。所以在白靈老師的敘述當中，我們可以知道原來從詩人的角度來看，黑洞、詩還有愛情這三個關鍵詞是可以互相替換的，老師也特別提到，在這個世界上我們可見的東西其實遠遠小過於不可見的、未知的事物，黑洞就是其中之一，所以詩人就有題材發揮了，老師也帶來了三位年輕作者他們如何書寫黑洞主題。

我想從林導演的分享當中來做一個延伸，林導演他為我們介紹了兩部戲劇，一個是《沙發有黑洞！》，另外一個就是《黑洞春光》。《沙發有黑洞！》的原作者是駱以軍，是從駱以軍的《小兒子》作發想，不知道大家有沒有看過《小兒子》？這是很適合親子共賞的一部隨筆，其實他在沙發的隨筆，就是寫沙發上面曾經有一個很小的洞，他兒子的手太癢，常常去挖那個洞，所以越挖越大，有一天爸爸發現沙發上那個洞居然放得下遙控器，過一陣子就發現他的兒子在沙發上看電視享受時，頭突然側向一邊，好像是在吸什麼東西，原來沙發上的洞已經大到可以放下50嵐的大杯飲料杯。爸爸就覺得：天哪！我的兒子，怎麼可以把沙發挖成那麼大的洞，他當然不會認為這很有想像力。

剛剛林導演提到的另一部劇《黑洞春光》，其中寫到發現慾望的這個洞口，我們可以看駱以軍前幾年一部三十幾萬字的小說《匡超人》，《匡超人》這本小說就是從男性生殖器出現，描寫主角陰囊的下方破了一個洞，於是他就去尋訪各地的醫生，可是這個洞不但沒有縮小的跡象，反而越來越大，越裂越開，他擦了各種藥膏、換了很多的醫生都沒有用。他形容說，其中有一位醫生每一次都是以一副地球防衛艦隊的姿態，拿一個很特殊的觀察儀器，像是在觀察太空當中跟

月球一樣大小的黑洞，在觀察他陰囊下面那個洞，過了半晌，沉思道：「我們再觀察看看。」

駱以軍描寫主角發現那個洞本來只是針孔大小，後來居然變成五元硬幣，再到十元硬幣，他就想：天哪！怎麼會這樣。因為他是一個小說家，也讀很多科幻小說和科普作品，所以疼痛難耐之下，他就幻想這個世界如果要跟外星人溝通，可能會透過某一個時空進行漫遊，會不會其實他陰囊下面這個洞，是某一個蟲洞的出口？就是這個太空艦隊在某一天會發射，從那個洞突然冒出來？

哈佛大學東亞語系的教授王德威在解讀《匪超人》的時候，就用了三種洞來解讀，第一個就是「破洞」，因為是陰囊下面的破洞，第二個是從破洞又延伸到「空洞」，最後就是「黑洞」，所以他就總結駱以軍這三十萬字的長篇小說，其實是「黑洞敘事」美學的展現。

此外，我想分享的另一部作品跟中央大學物理系同學有關。中央大學金筆獎已經辦了四十年，李主任才剛把這四十年的作品進行清整，然後編了三本書。今年，金筆獎小說第二名是當時物理系大四的同學叫林家宏，我們都是請臺灣知名的小說家來評審，這也都是匿名審查，他們非常驚訝我們中央大學竟然有這樣優質的寫手。林家宏這篇的題目就叫〈大膨脹〉，故事中有不少物理、數學、科學方面的專業知識，他的設定是：我們都會覺得宇宙好像是恆常不變的，但其實不是。他由此假設有一天發生了「紅移現象」，很多恆星慢慢遠離，科學家推測人類將經歷一個宇宙大膨脹的現象，可能會導致某種種族或是世界級的災難，於是像軍事中心在能量有限、質量有限的情況下，提供的想法比較暴力，但主角有不同看法。小說中的敘事者是一個科學家，他最後提出的方法叫做「方舟黑洞」。作者在文章中對黑

洞做了不少細緻的敘事和形容，非常精彩。

　　從陳教授以物理的角度、科學的理論來看黑洞，或是以歌詞、電影、文學、詩歌到戲劇來看，黑洞已經具有象徵性或隱喻性。最後關於黑洞的討論，我想用中央大學物理系大四的同學寫的這篇得獎的作品做總結，他使用了科學的技術跟知識，適當融入文學敘事，藉此讓大家可以更了解物理或是數學。

　　李瑞騰：我們非常謝謝欣倫幫我們做了一個清理的工作，最後我們請朱老師來再跟我們講幾句的話。

　　朱慶琪：我要講的話就是我們物理系原來也出了小說家，之前我以為出一個導演已經很厲害了，所以最終不管是科學、人文、藝術，我們都是沒有距離的。抱歉，欣倫我提出另一個觀點，就是沒有人是什麼理工腦或是文學腦，我們都可以把自己變成一個跨領域的腦袋，多跟不同領域的人交流，其實會有很多火花產生。那我就以此做為今天的結語，再交給主任。

　　李瑞騰：謝謝！我們給科教中心鼓掌一下，謝謝他們！我們希望在以後類似的議題上，能用多方面的角度來共同面對。我剛剛跟朱老師說希望可以讓我們的同學走出去，不要侷限在自己狹小的空間裡面。文學院的同學在這裡應該比較多，從通識教育的角度來說，我們希望理工的同學們，都可以有些人文的訓練和素養。在未來從事有關科學或是技術工作的時候，可以更有人性、更親切、更可愛。

　　但對文學院的同學來說，對科學的東西比較沒有那麼關心，不過我們剛剛聽蔣竹山教授所說，你看他做的研究，基本上還是一個科學史；我們看歷史所的所長，他是做醫療史。所以這裡面其實有很多共通的地方，文學院的學生在學習過程當中，如何把外緣學科，特別

是科學的一些知識，轉化到人文領域裡面來做思考，對自己來說，整個視野可能都會打開。我們希望這個活動在未來可以持續辦下去，也期望理工科的老師可以一起來參與我們有關的討論。今天非常謝謝各位，特別是白靈還要趕回去上課，我們就到這個地方結束了，謝謝大家！

黑洞：科學‧文學與藝術

輯二　專文

與「黑洞」相關的音樂專輯

曾靜玟《黑洞》。（取自YouTube）

吳青峰《太空人》。（取自YouTube）

張國榮《陪你倒數》。
（取自維基百科）

陳小春《黑洞》。
（取自維基百科）

林憶蓮《本色S／L》。
（取自AppleMusic）

蔡健雅《失語者》（Aphasia）。
（取自KKBOX）

孫燕姿《克卜勒》。（取自YouTube）

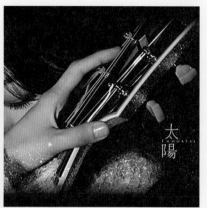

陳綺貞《太陽》。（取自維基百科）

陳奕迅《準備中》。（取自維基百科）

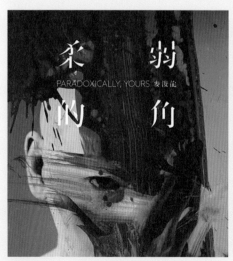

麥浚龍《柔弱的角》。（取自KKBOX）

郭頂《飛行器的執行週期》。（取自維基百科）

陳奕迅《C' Mon in》。（取自博客來）

與「黑洞」相關的電影

《黑洞》（The Black Hole）電影海報。
（取自FANDOM - https://disney.fandom.com/wiki/The_Black_Hole）

《星際效應》（Interstellar）電影海報。
（取自FB - https://www.facebook.com/InterstellarMovie/）

與「黑洞」相關的電影 ・ 61

與「黑洞」相關的詩集

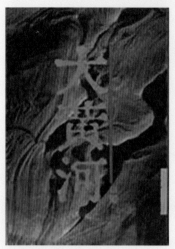

白靈《大黃河》，臺北：爾雅出版，
1986年。（取自GoogleBooks）

白靈《沒有一朵雲需要國界》，臺
北：書林出版，1993年。（取自
Yahoo奇摩）

白靈《愛與死的間隙》，臺北：九歌
出版，2004年。（取自九歌出版社）

白靈《女人與玻璃的幾種關係》，
臺北：臺灣詩學季刊社，2007年。
（取自博客來）

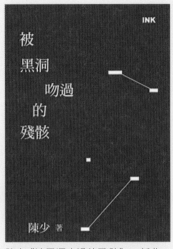

陳少《被黑洞吻過的殘骸》，新北：
印刻文學，2015年。（取自INK印刻
舒讀網）

徐珮芬《在黑洞中我看見自己的眼
睛》，臺北：啟明出版，2016年。
（取自啟明出版事業股份有限公司）

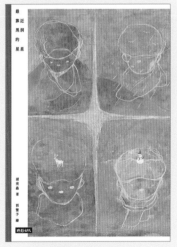

湖南蟲《最靠近黑洞的星星》，臺
北：時報文化，2019年。（取自
Readmoo讀墨）

任明信《你沒有更好的命運》，臺
北：大田出版社，2023年。（取自
博客來）

與「黑洞」相關的戲劇

《黑洞春光》海報。（林孟寰提供）

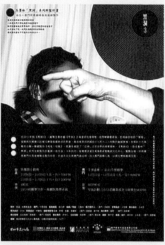

王墨林《黑洞》系列。
（取自Yahoo奇摩）

《沙發有黑洞！》海報。（取自AM創意官網）

蘇嘉駿（中央大學中文系博士生）

一個我們賴以生存的譬喻
——流行歌曲的「黑洞」漫遊

辑
二
．
專
文

一、請君入（黑）洞／引君入夢

　　上個世紀九〇年代末，香港歌手張國榮（1956-2003）推出粵語專輯《陪你倒數》。此專輯收入歌曲十一首，打頭陣的〈夢死醉生〉（1999），以壯闊卻迷離的弦樂拉開序幕，宣告世紀末／新世紀的到臨。當張國榮以不具滄桑感的嗓音唱出副歌：「有一夢便造多一夢／直到死別都不覺任何陣痛／趁衝動能換到感動／這愉快黑洞／甦醒以後誰亦會撲空」，聽者可以感覺〈夢死醉生〉的音樂氛圍與林夕（本名梁偉文，1961-）的歌詞相融無間，「世紀末的華麗」糅雜頹廢與耽溺。若再仔細琢磨歌詞，聽者／讀者則會發現這短短數句歌詞中，同時出現了亙古彌新的意象與母題——夢；以及至為新穎的知識概念、天體名稱——黑洞（black hole）。一再造夢與愉快黑洞的結合，有效地傳達歌曲擱置現實與理性、無盡享樂的主題。從歌詞可見，「黑洞」與「夢」共享的特質，是神祕幽深，無際無盡。這般特質，正是不少創作者捕捉到的「黑洞」質地。本次華語流行歌曲的黑洞漫遊，由此啟航。

　　黑洞的最初發現，並非來自觀測，而是出於紙上的數學算式。1915年，愛因斯坦（Albert Einstein, 1879-1955）發表廣義相對論，

給了我們重力的現代詮釋：物質和能量會造成周圍時間與空間結構的扭曲。[1] 稍後，德國天文學家、物理學家史瓦西（Karl Schwarzschild, 1873-1916）在戰壕中得出「史瓦西解」（Schwarzschild metric），為廣義相對論的核心方程式提出完整解方，而現今許多有關黑洞的重要概念，皆導源於此，如由「史瓦西半徑」（Schwarzschild radius）而來的「事件視界」（event horizon）。

簡言之，黑洞作為太空中天體之一種，是由質量很大的恆星變成超新星之後塌縮而成的；黑洞也會在星系中央形成，質量可達太陽的數十億倍，並集中在非常小的一點，周圍區域的重力非常強大，甚至連光都無法逃逸。前文所言「事件視界」，則是指圍繞在黑洞周遭一個看不見的邊界，越過這條邊界，物質、電波和所有資訊都會掉入黑洞中再也出不來。這條界線內發生的事件，從外面都觀察不到。這裡頭的時空不僅凹陷，還變成無底洞。光線和物質進得去，但永遠出不來，無法回頭，最終被壓成一個點，體積為零而密度無限，這便是位處黑洞中心的「奇異點」（singularity），普通的物理學定律在此完全瓦解。[2]

當今學界對於黑洞的認識，相較百年以前，確有長足進展。然而正如前文所述，科學家對於「事件視界」以內的黑洞領域，其未知的範疇或許較已知的部分更多。正因如此，針對黑洞及其相關知識的好

---

1 泰森（Neil deGrasse Tyson）著，蘇漢宗譯：《給大忙人的天文物理學入門攻略》（臺北：遠見天下文化，2017年9月），頁18。

2 本節有關黑洞定義等相關內容，整理自法爾克（Heino Falcke）、羅默（Jörg Römer）著，姚若潔譯：《解密黑洞與人類未來》（臺北：遠見天下文化，2021年11月），頁104-111、329-334。另參考芭杜席雅克（Marcia Bartusiak）著，嚴麗娟譯：《黑洞簡史》（臺北：貓頭鷹出版社，2018年7月），頁73-85。

奇心與探索慾，從未止歇。「黑洞」一詞自1964年由記者尤因（Ann Ewing）提出，並由惠勒（John Archibald Wheeler, 1911-2008）使用於研討會後，漸為大眾所知。與此同時，對於黑洞的好奇猜測與奇幻想像，亦滲透在大眾之間，流佈深廣。本文意不在追溯「黑洞」名稱與概念在華文世界的傳播或接受史，筆者注目處是流行文化（Popular Culture）——流行音樂中「黑洞」的現身與變貌。作為本文談論對象的華語流行歌曲，極具代表性地呈現大眾對天文領域的好奇、對黑洞的詮釋與改造。「科學的黑洞」簡介告一段落，資源儲備完成，往下出發漫遊歌詞裡「人文的黑洞」。

二、寂寞‧記憶‧思念：愛情母題的再現

> 有時寂寞太沉重　身邊彷彿只是觀眾　你的感受沒有人懂
> 穿梭一段又另一段感情中　愛為何總填不滿又掏不空
> 很快就風起雲湧　人類的心是個無底洞

2003年，蔡健雅（1975-）發表歌曲〈無底洞〉。憑藉意象鮮明的歌詞，流暢動人的旋律，此曲可謂膾炙人口，成為歌手代表作之一。「無底洞」雖非天體「黑洞」，然而其後不少以「黑洞」入歌詞，甚至以黑洞為曲名的流行歌曲，卻呈現與〈無底洞〉相同的母題：渴求理解的寂寞，以及人心對愛情的需索無度。予人科學或科技印象的黑洞，經由眾人創造性地挪用，已被納入流行文化中「洞的系譜」，天文名詞成為表現流行音樂母題——愛情——的重要意象。

若說〈無底洞〉突出寂寞之感，詮釋流行歌曲中愛情母題的關鍵詞之一；承接其後，由MIA作詞，林憶蓮（1966-）演唱的〈呼吸〉

（2006），則提綱挈領般為聽者／讀者點明流行歌曲中的兩種「黑洞」典型：「記憶的黑洞」與「思念的黑洞」。

> 從何時　愛開始慢慢蒸發　而你也變成記憶的黑洞
> 讓我必須否定你的存在　掩埋了　扭曲了
> 我害怕呼吸　深怕會掉入思念的黑洞裡
> 想爬也爬不出來　我不想回到那一段時空裡

　　愛情消失以後，曾經佔有重要位置與分量的戀人，轉變為被迫否定的存在。「掩埋」的是敘事者對「你」的愛與記憶；「扭曲」的是「你」對敘事者「我」有過的情感。如此，「我」才能忘卻過去種種，不致陷入無止盡的思念與傷痛。如果說「掩埋」是針對「洞」意象而有的行動，「扭曲」便指涉了「黑洞」特有的空間與時間現象。

　　以黑洞為歌曲命名者，包括楊耀程作詞，曾靜玟（1993-）作曲與演唱的〈黑洞〉（2015）。作為同年民視偶像劇《星座愛情雙魚女》主題曲，劇集乃至歌曲皆布滿天文意象，淵源流長的占星學與講究科學實證的天文學，向來具有饒富趣味的張力關係。這首歌曲表現失戀後的傷痛與寂寞：「寂寞的風／無聲吹過／在舊傷口／很沉默卻也沉痛」，孤單的敘事者自言「回憶卻困住我」，無論是清醒或睡夢中，「城市與夢」都充滿過去戀人的身影。

> 愛離開後變成黑洞　讓思念無窮無盡墜落
> 你曾是我的宇宙　抱歉是走不到最後……
> 心掏空了變成黑洞　酸的苦的　反覆在穿梭……
> 愛離開後變成黑洞　我試著逃脫心痛漩渦……

心看透了不再黑洞　好的壞的　懂得去接受

　　黑洞作為主要意象，呼應捆縛著當事者的回憶與寂寞。傷痛未癒的敘事者，只能陷溺於無窮無盡的思念，此處凸顯了黑洞無厭吞噬的意象。隨著分手，原有的愛「塌縮」成黑洞，任由酸苦反覆穿梭，讓敘事者逃不出心痛漩渦，而歌曲最終則以「不再黑洞」，表現隨著時間變化而逐漸開闊的心境。事實上，一切物質只要跨過「事件視界」，即踏上掉落黑洞的單行道，「反覆穿梭」只能發生在創作者的自由想像當中。此為「人文的黑洞」與「科學的黑洞」差異所在。

　　值得一提的是，不少以黑洞入詞的歌曲，亦多有其他天文意象的引用，一如上述歌曲多次出現指代戀人的「宇宙」。林暐哲（1965-）作詞，楊乃文（1974-）演唱的〈證據〉（2004），講述被戀人誤解的難堪、欲逃離的心痛。曲中將消失的愛視同掉入黑洞：「我已經不會難過／沒有什麼好難過／就當我的愛掉進了黑洞／做過的夢是一陣漩渦／沒了你才有出口」。另外，馬來西亞歌手李佩玲（2000-）的〈黑洞〉（2018），同樣以黑洞的沒有邊際、吞噬的形象，表現失戀的創痛、回憶的束縛、折磨的想念之情。上述三首歌曲都出現的「漩渦」意象，實可與黑洞並置而觀，以螺旋向下的拉扯力量，譬喻無法掙脫的情感狀態。[3] 有趣的是，李佩玲所唱「無底的黑洞」一句豈不令人聯想前行的「無底洞」？此外，一樣表現流行歌曲的愛情母題，且以黑洞聯繫回憶與寂寞之情者，尚有原子邦尼

輯二・專文

3　劉家澤、李天陽作詞；顧雄、歐陽巽濤作曲；李佩玲演唱：「失去你我像掉進無底的黑洞／除了回憶其他全部都被掏空／這漩渦／走不脫／逃不過／吞噬我／失去你我像掉進無底的黑洞／沒有邊際的想念究竟多折磨」。

（2012出道的音樂組合）創作的〈耳。語〉（2019）：「眺望心裡的黑洞／看見我們回憶的河流……在我假裝堅強的時候／不用想起我會寂寞」。

再者，陳奕迅（1974-）亦有〈黑洞〉（2015）一曲，袁兩半作詞，收入專輯《準備中》。包辦《準備中》專輯歌詞的袁兩半，為潘源良（1958-）化名。潘氏不僅是粵語流行歌曲著名填詞人，更身兼影視編劇、導演，足球評述員等多重身份，有「浪子詞人」之稱。[4]這首〈黑洞〉於開頭處即回應寂寞與夢的命題：「寂寞在流動／某些真的假的夢／滲在午夜裡隱隱的痛」，連結「但願是場夢／對你當初的心動」以及「好比火星跟水星相戀／有過燦爛影蹤／但你轉到某一個時空／失去了互通／今天儘管可始終相擁／眼裡卻沒溝通／沒法對抗倒數這時鐘／一種愛千種刺痛」等詞句，可知敘事者與戀人的愛情關係，正處於逐漸失聯的倒數時刻。

> 夜幕是無盡　暗中多少個黑洞　看著似是愛　星空飄送
> 曾如何情重　曾是真摯與自信　卻叫我掉進　這半空中……
> 在這世界那一個時空　可跟你往日重逢

不再互通的愛帶來刺痛，夜幕中無數的黑洞（亦與科學事實相符），無疑隱喻著兩人之間的感情狀態，具有種種互動或溝通上的難題。對方「轉到某一個時空」與自身「掉進半空中」，似以飄浮太空的失重狀態，譬喻二人間的沉默無聲，不再相互依靠，失去互通。此處以黑洞譬喻情感中無法聯繫、溝通無效的互動情境，相當別緻。

4　詳見張書緯：《潘源良》（香港：中華書局，2019年7月），頁132-140。

由淺紫填詞，陳勢安（1984-）演唱的〈心·洞〉（2011），以心口「一塊黑洞」譬喻感情受創之深，「擠在回憶裡／狂烈洶湧」再次呼應黑洞與回憶的纏結，接續的「可是填不滿也掏不空」，則不免令人聯想小寒所作〈無底洞〉中「愛為何總填不滿又掏不空」一句。〈心·洞〉傳達的意涵與〈無底洞〉頗為相似，而採用黑洞意象，替代無底洞，則似乎更顯其幽深無盡。綜言之，流行歌曲以黑洞設譬，使黑洞成為「洞的系譜」之一員，愛情中關乎記憶、思念、寂寞等情感面向，以及情人之間的不良溝通情境，因此獲得更新穎且極致的表述。天文意象的採用或也說明，作為天體名稱的黑洞，隨著時間推進，而更為人熟知與接受。正如本文所討論的歌曲，多以近二十年之作為主。

三、另類指涉：幽邃神祕與無盡可能

「情歌」作為流行音樂的重要「次類型」（subgenres），天體「黑洞」的加入，使其呈現更豐富多樣的姿態，李聖傑（1973-）唱有「眼底星空／流星開始墜落／每一滴眼淚說著你要好好走／轉過身跌入黑洞」；黃美珍（1983-）則發出〈無聲抗議〉（2013）：「用一秒的冷靜／換一刻的安寧／把謊言丟到無聲深海裡……用一秒的距離／換一刻的清醒／把愛的證據藏進黑洞裡」。[5] 諸如此類的「黑洞」，皆以幽深無盡、一旦落入即再也無法尋覓的意涵出現在歌詞中，後者的黑洞更與「無聲深海」並置。前一節所述歌曲，與寂寞、

---

5 李聖傑的〈眼底星空〉（2006），由十方（1970-）作詞。黃美珍的〈無聲抗議〉，由戴佩妮（1978-）包辦詞曲。

思念等情感狀態聯繫，表現的是較悲傷難過的面向，本節擬討論相對另類的黑洞挪用。在此，我們可以看見流行樂曲創作者，如何地不拘限於黑洞的科學原理，提取與譜寫出與黑洞特質相異甚至相反的譬喻指涉。

　　陳奕迅在演唱〈黑洞〉兩年後，另有一首〈床上的黑洞〉（Wake），收入其第十三張國語專輯《C' Mon in》（2017）中。憑藉此張專輯，陳奕迅於第29屆金曲獎獲得年度專輯、最佳國語男歌手獎。〈床上的黑洞〉作詞人是6號@RubberBand（繆浩昌）與Tim Lui（呂甜），相較前文所論〈黑洞〉一曲的無奈與沉鬱，時隔兩年的〈床上的黑洞〉則有著輕快的音樂調子與敘事主題：

> 飄在太空　流星群圍繞著我多麼神奇
> Was that you　無重狀態　只一跳我就跳過一萬里
> Was that you　降落月球的背面　有一個女孩對我笑
> Was that you　正要上前觸碰她體溫　卻響起了那討厭的鬧鐘聲
> ……
> Why 偏要在這個關頭 Why 要讓我好夢成空
> 不想起來　賴在床上的黑洞　蓋上被　閉上眼　多給我幾分鐘

　　飄浮太空的無重狀態，曾經被譬喻為溝通中的沉默無語、失去互通，在此卻發揮迴異指涉，燦爛星光下自在跳躍，洋溢輕鬆愉悅感受。至為有趣的是，身處太空的情境，其實根源於睡夢中。夢與太空／黑洞的關聯一再顯現，同樣是無所依附的浮遊狀態，創作者卻擷取出自由自在的意涵，「床上的黑洞」似乎就是自在世界的入口。歌曲最終以「不想起來／就算説我沒有用／每一天七點鐘／都想打碎鬧

鐘」結束，其旨趣可與林宥嘉（1987-）演唱、黃偉文（1969-）作詞的〈自然醒〉（2011）相呼應。

林宥嘉演唱的歌曲中，至少兩首曾出現黑洞意象。〈我夢見你夢見我〉（2016），由阿曼達作詞：「往前走／一個人走上人生的鋼索／回過頭／怎麼會失去了你的線索／來不及說再見／從此各自漂流／為什麼／把過去丟向黑洞」，逝去過往擲入黑洞，不見天日；戀人如今各自漂流，不復相見。其最新單曲〈我不是神，我只是平凡卻直拗愛著你的人〉（2023），則由姚謙（1961-）作詞：「殞落的石頭／快窒息的湖泊／將我堆砌淹沒／絕望的黑洞／灼人的火焰／也讓我為你吞沒／就算不能承受／我也想為你復活」。黑洞在此以一種徹底、決絕的意涵現身，成為絕望的意象。結合後續「一直到世界盡頭還有我」等詞，可知沒有任何物質能夠逃逸的黑洞，在此勾連起絕無轉圜餘地的情境，表現務要將愛進行到底的決心——即使「你不愛我」，我仍會「站在原地，直拗愛著」。

黑洞的「盡頭」譬喻，可謂兩面刃：一方面可表現為萬事萬物的盡處，一旦掉落即不可回頭；另一方面卻可結合幽邃神祕的特質，發揮深不見底、不知盡頭何在的指涉。來自馬來西亞的年輕創作者溫勝和，其〈小黑洞〉（2018）一曲以「小宇宙」、「小黑洞」作為親密愛人的暱稱，有別於大多數流行樂曲，作意新奇：

「時間一直在前進／對你的愛永不熄／讓你的微笑溫暖我的心／你是我的小宇宙／小黑洞／對你的愛／不變的／沒有盡頭／我這一顆／孤獨流浪星球／隨著你的引力向你漂流」。歌詞中提及黑洞引力，將敘事者持續吸引，漂向對方。而從「不變的／沒有盡頭」等句，可知歌曲也以宇宙／黑洞譬喻愛意，然而其意涵卻非前文述及的思念或寂寞等情感，反而以黑洞的無盡，表現情感的綿延無止境，對於

「黑洞」的詮解與挪用，相當特殊。香港歌手方皓玟（1980-）發表於2010年的〈大同〉，同樣發揮黑洞的無盡：「拼命努力／被生活沖擊／在黑洞裡／沉喘一口氣／找個愛你的人／劃上了驚嘆號／過兩秒化成問號」。歌曲將黑洞詮釋為幽深包覆，如防空洞一般的保護之所，是帶來安全感的喘息空間，在眾多「黑洞歌曲」中殊為少見，堪稱另類。

由陳綺貞（1975-）作詞，蔡健雅演唱的〈路口〉（2006）中，則有「就當作你的離去起不了作用／我的心還完整的像一個黑洞／深深地把你吸附在無邊宇宙／一抬起頭就能夠看見你／依然為我閃爍」的詞句，將兩人比擬為星球，卻又將敘事者「我」的心譬喻為黑洞。歌曲中的黑洞既呼應「擁抱著永恆的空洞」的詞句，亦強調黑洞的吸附力量。值得補充的是，2015年蔡健雅推出《失語者》（Aphasia）專輯，封面文案上引述歌手所言：「這張專輯就像黑洞，太多未知的可能性，但卻更讓人想要試著從中找回自己。」專輯歌曲未有黑洞相關意象，歌手自身卻以黑洞形容其敘事主題上的突破：從情愛悲歡轉向科技環境對新世代生活之衝擊；以及創作風格上的冒險：採用實驗電子音樂等形式。黑洞於此凸顯其未知的神祕面向，以充滿可能性的正面意義，為歌者所用。這般意涵，在方大同（1983-）演唱，周耀輝（1961-）作詞的〈黑洞裡〉（2008），有更為極致的詮釋：

> 你的太陽系活在陽光裡　為何總是跟著不變的舊軌跡
> 我的一片地　藏在黑洞裡　彷彿都是超乎意料的好東西
> 怎樣教你相信　怎樣教你發現神秘的生命

周耀輝的〈黑洞裡〉雖也著眼愛情主題，然而黑洞的譬喻意涵，

卻是從神祕特質而衍生的「超乎意料的好東西」。住在黑洞裡的敘事者，意欲將對方帶離過分真實的世界，到敘事者所言更美麗的星星，那裡「樹上長愛情／河水洗回憶／什麼都可以／只要你願意」。而後續「從來沒有引力／從來不懂什麼腳踏實地」等語，再次顛覆黑洞的物理特質，拋卻理性與真實，「黑洞裡」的多彩新境界絕不同於「陽光裡」的無趣舊軌跡。這首以黑洞為題名的歌曲，洋溢浪漫氣息，從黑洞的無盡與未知──同時意味著開放性，創造出另類想像、無限可能，予人驚喜與愉悅之感，迥異於前文所述的感傷特質。本節所討論的歌曲，即便與愛情相關，其「黑洞」卻頗能逸出情感指涉，體現黑洞作為譬喻的豐富變貌。

四、慾望圖景與奇幻想像

現代流行歌曲中的黑洞意象繁複多樣，除了前述情感相關面向、以及由無邊無盡及強大重力而衍生的安全空間、無限可能等譬喻之外，有的更將黑洞與慾望、奇幻想像，勾連互涉。由麥浚龍（1961-）演唱，林夕作詞的〈鶴頂紅〉（2014），正是其中「最另類、最玩味、最異於主流者」。[6] 歌曲收錄在專輯《柔弱的角》，一如名稱所示，專輯將柔弱與剛強（角）──對立矛盾的兩端，並置而觀，由此思考人性的矛盾與複雜。〈鶴頂紅〉以文學作品中經常出現

---

6 臉書粉絲專頁「酒詞」曾撰文討論麥浚龍〈鶴頂紅〉一曲，認為「林夕以流行歌詞寫出佛理中的人生觀，陳珊妮的詞則讓人感覺暗黑虛無、混沌迷幻，具有墜落感。」網址：https://www.facebook.com/hklyrics/photos/a.52168387463124177366608163138810/?__tn__=%2CO*F（檢索日期：2023年5月21日）。

的劇毒物質為名，談的是人性中的慾望糾葛：

　　萬暗中　丹頂鶴的　一團紅　燒得眼睛也想排洪
　　人空洞　如黑洞　越填越驚恐　命太黑　沾沾鶴頂　的桃紅
　　將這血色餵飽喉嚨　羊的身　蛇的心事　需要蛇抱擁
　　我知道　越紅越有毒　我只有　順從著血肉　辛苦笑著快樂痛

　　鶴頂桃紅如血色，萬暗中更顯觸目，灼燒眼眸，洪水即將噴湧。鶴頂紅的鮮艷嫵媚正是猛烈毒性的表徵，「一團紅」既是慾望自身，亦是誘引慾望爆發的餌，「蛇的心事」令人聯想伊甸園的蛇，「順從著血肉」令其情慾指涉昭然若揭。黑洞在此譬喻人類生活或生命之荒蕪，遂取徑於毒物般危險的慾望，企圖填補這無厭空洞，寧願燈蛾撲火般自取滅亡，「辛苦笑著快樂痛」。林夕這首詞以黑洞譬喻人心空洞，但其勾連慾念，且突出鶴頂「紅」的強烈視覺衝擊，在在顯出其殊異性。

　　最為有趣的是，〈鶴頂紅〉一曲中的「一團紅」似與2019年首度面世的黑洞照片，兩相呼應。2019年4月10日，事件視界望遠鏡（Event Horizon Telescope, EHT）國際合作計畫，公布了人類史上第一張黑洞影像：來自5500萬光年以外的M87星系中心超大質量黑洞。三年以後，作為EHT計畫13成員之一，中研院於2022年5月12日發布人馬座A星（Sagittarius A*）的「直接成像」，是為人類史上第二張黑洞影像。當日的銀河系中心重大研究成果發表記者會，與美國國家科學基金會（盛頓特區）、歐南天文台（慕尼黑）、日本國立天文台（東京）、上海天文台等機構同步直播。[7]

　　值得留意的是，既然黑洞的重力極強，任何資訊甚至光線皆無

法逃出事件視界，那麼黑洞影像中的發光環狀結構，又為何物？事實上，照片中的環狀結構名為吸積盤（accretion disk），由眾多即將掉入黑洞的物質聚集形成。其摩擦高溫之下產生的光線，便是我們照片所見的光圈。[8] 由此，林夕作詞的〈鶴頂紅〉所呈現的視覺想像，不僅具有血肉與慾望的意涵，更與最新天文學研究成果相連。2014年發表的歌詞，巧妙地與五年後方才面世的黑洞影像呼應，萬暗中的一團（圈）紅光，引發無限奇想。

鄧紫棋（1991-）創作與演唱的〈來自天堂的魔鬼〉（2015），創作概念來自基督教「撒旦本是天使」此一聖經故事，我們從中再次發現流行歌詞中的新舊並陳、典故挪用。「如果你是蛇的誘惑／你存心迷惑／我才能軟弱／但你是牛頓頭上那顆／若無其事的蘋果」，「蛇的誘惑」同樣可溯至闖入伊甸園的蛇，誘惑敘事者，使其無法抽離地墮落。所謂「來自天堂的魔鬼」，是敘事者對心愛對象的感知，擺盪在天使與魔鬼之間的「你」，讓「我」著迷狂喜，卻又像漩渦令「我」墜落，將我吞沒。魔鬼般讓其沉陷的地方，同時也一如黑洞：

7 詳參泛科學編輯部：〈銀河系中心的超大質量黑洞，中研院揭曉「人馬座A星」的神秘面紗！〉，網址：https://pansci.asia/archives/348502（檢索日期：2023年6月1日）多田將著，陳嫻若譯：《跟著怪咖物理學家一起跳進黑洞！：一次搞懂當今最熱門的宇宙議題》（臺北：聯經，2016年3月），頁17-124。

8 有關「吸積盤」，參考簡克志採訪撰文：〈為什麼拍到銀河系中心黑洞很重要？如何看見黑洞？黑洞QA大集結！〉，網址：https://research.sinica.edu.tw/sagittarius-a-black-hole-paul-ho/（檢索日期：2023年5月21日）htlee（李昫岱）：〈黑洞是什麼？速度要多快才能脫離黑洞呢？——黑洞大解密（一）〉，網址：https://pansci.asia/archives/144002（檢索日期：2023年5月30日）關於電影《星際效應》（Interstellar）的黑洞場景，參考卜宏毅：〈下一站：黑洞〉，網址：https://pansci.asia/archives/70416（檢索日期：2023年5月30日）

「夜裡做了美麗的惡夢／想清醒我卻抵不過心動／Oh 夢裡你是無底的黑洞／我無力抗拒失重」。將情感關係中的對方譬作黑洞，讓敘事者「我」無力抗拒，甚至無法自控，可說是黑洞在流行歌詞中典型表現。夢與黑洞更是一再同時出現。上述兩首歌曲，皆讓讀者得見黑洞與慾望的聯繫，兩者更同時借用聖經故事意象，流行歌詞中的典故挪引，可見一斑。

林夕、黃偉文與周耀輝素有「香港三大作詞人」之譽，本文三者皆有所觸及。香港流行搖滾樂隊Zarahn（成員包括主唱兼吉他手周國賢（1979-）等人）演唱的〈怪誕城之夜〉（2007），便是黃偉文的作品。

> 由一眾妖怪　統治天下　應該有趣吧
> 頭長角的你　可願加入　這大人童話
> 大魚在　寢室內　變做爸爸……
> 銀幕之上　奇樹引路　快出發好嗎　銀幕之下　誰在往上爬
> 走進黑洞去吧　跟著侏儒入去吧
> 隨時讓你　進入魔域　帶回童真　埋下做人那點化

〈怪誕城之夜〉歌詞一如曲名，滿是奇幻想像，頗有「成人童話」的魔幻意味。歌曲主題並不圍繞愛情，卻與周耀輝〈黑洞裡〉的譬喻意涵頗可對話。周耀輝所寫「樹上長愛情／河水洗回憶／什麼都可以／只要你願意」等歌詞，以黑洞表現無窮無盡的可能性，能帶來諸般驚喜雀躍。黃偉文〈怪誕城之夜〉則以迷幻氛圍，鼓勵聽者「走進黑洞去吧／跟著侏儒入去吧」，如此即可「進入魔域／帶回童真」。黑洞神祕令人浮想聯翩，作詞者由此發揮：走進黑洞，或許便

能跳脫日常秩序，重拾孩提天真目光，回來面對現實荒誕。詞中對於成人世界的光怪陸離，不無諷刺批判。更有趣的是，其對於「黑洞」的書寫，不免令人聯想「跳進兔子洞」的奇幻文學故典。

1865年，路易斯・卡羅（Lewis Carroll為其筆名，原名係Charles Lutwidge Dodgson, 1832-1898）以「跳進兔子洞」（Down the rabbit hole）作為《愛麗絲夢遊仙境》第一章的標題。書中，愛麗絲跟隨一隻行徑、穿著如人類的白兔，掉入深邃的兔子洞，由此展開連串奇幻冒險，碰見的對象包括各類變形的人類、動物與物件。此一「兔子洞」的意象，業已成為一廣為人知的典故，其意涵指涉令人困惑不解、感覺荒謬、超越現實的境地，被視作奇幻歷險的開端。誠如前文所述，流行歌曲中的「黑洞」譬喻便常連結「兔子洞」意涵，由此衍生諸般可能與驚喜。

仍然是林夕，收錄在林憶蓮《本色S／L》中的〈夜有所夢〉（2005），與張國榮的〈夢死醉生〉旨趣相投，迷離惝恍之中，呼之欲出的是及時享樂的慾念：「夜有所夢／我的天／似黑洞／化出你心胸／夜有所夢／我的心／似一夢／正跟你相通／完全不分輕重／曾圍繞的都失蹤／現世中的都撲空／開心不知心痛／一世處夢中」。僅僅從上述歌詞，便可感覺歌曲中的迷幻、恍惚之感，敘事者沉醉夢境，「我的天」與「我的心」皆如黑洞、如幻夢，然而「我」決計不願甦醒，寧可一生身處夢中，只願與「你」相擁相通。該專輯最後一曲〈再見悲哀〉，同樣出自林夕之手，化用古典文學的創作習慣乃至風格，可見一斑：「去到最尾就如與物忘我／回復身心最初／面對心鏡內一片平和／這麼最好不過／這麼最好不過／全是一種經過」。由此可見莊子「至人用心若鏡」的典故以及物我兩忘的修行境界。往下，我們將再次看見太空黑洞與先秦莊周的相遇。

五、專輯裡的黑洞：夢蝶莊周與太空航行

　　前文討論過直接以黑洞為曲名的作品，香港歌手陳小春（1967-）則選擇以《黑洞》（2004）為專輯命名。該專輯歌曲以搖滾樂風為主，搭配音樂風格而生的概念主軸，可歸納為兩個關鍵詞：「科技」與「未來」，此二者即是創作者由「黑洞」汲取到的重要主題。其中由易家揚作詞的〈36世紀〉，最能呼應專輯設計：「時間是空間的藥／吞掉距離的訊號／我失去感情／在數位裡飄／36世紀的世界來到／73變化的未來很屌」。由此可知，與黑洞掛鉤的除了太空意象，還包含網際網路、數位等嶄新科技概念。以專輯面世的2004年而言，或確實傳達出「新時代」的未來感覺。

　　陳綺貞的《太陽》（2009）專輯及其同名歌曲；孫燕姿（1978-）《克卜勒》（2014）專輯及由Hush（陳品赫，1985-）作詞的同名歌曲等等，皆以宇宙或星體為創作活水，而專輯內歌曲則不見黑洞蹤跡。值得補充的是，中國歌手郭頂（1985-）的專輯《飛行器的執行週期》（2016），其以航行太空的週期概念安排歌曲，從〈淒美地〉出發，以〈下次再進站〉結尾，形成首尾相銜的關係，主題貫串完整。更為有趣的是，創作者曾在訪談中說明創作靈感來源，其中與黑洞關係至為密切的《星際效應》（*Interstellar*, 2014），以及講述科技如何處理寂寞命題的《雲端情人》（Her, 2013），為郭頂帶來啟發。[9]

9　楊暢採訪撰稿：〈郭頂：這可能是我最後一張「好聽」的專輯〉，《新京報》（2017年6月26日）網址：http://www.bjnews.com.cn/culture/2017/06/26/448083.html（檢索日期：2023年6月10日）

本節將要討論的是吳青峰（1982-）第一張個人專輯《太空人》（2019）。這張專輯與前述郭頂《飛行器的執行週期》頗可對話，而《太空人》當中「航行太空」的主題貫串，或較前者更鮮明。事實上，追溯吳青峰的創作史，其中有關宇宙或太空等意象，在其作品中經常出現。高三時期的吳青峰寫出〈窺〉（2000），奪下師大附中天韻獎「創作組」冠軍，其中便有「放一顆星球／在你的眉頭／等你開口／再長出宇宙」等詞句，天體星球與人體組成的交錯配搭，具有大小強烈對照的趣味，更凸顯敘事者對「你」情感之無限大。除此之外，〈空氣中的視聽與幻覺〉（2004）的「彗星在纖細的黑夜畫布／刻下傷痕」、〈白日出沒的月球〉（2007）[10]有「肉眼看到的宇宙／迷惑於發光的星球」、「不要拿你的宇宙／一味套在我的地球」、〈小宇宙〉（2006）「為何這城市為所欲為／我只要只屬於我的宇宙」等等詞句，皆從太空、宇宙、天體等天文相關意象出發，或承載愛情命題，或諷刺現實、表達不滿，或表達議題思考，呈現「天文與人文」碰撞的豐富面貌。[11]

　　作為首張個人專輯的《太空人》以航行太空為脈絡，貫穿全張專輯。此處的「太空」，其實已然是一個譬喻，所指的是人類腦袋、心靈，或生命。所謂「航行太空」，實不妨理解為一趟自我心靈／生命的漫遊，種種思考便是航行的收穫。〈太空〉、〈太空人〉與〈太空船〉三首歌曲，屬於直接點題之作，而黑洞正出於〈太空〉：

10　李蘋芬：〈歌詞分析‧白日出沒的月球〉，《聯合文學》第433期（2020年11月），頁44。

11　有關吳青峰歌詞的前行研究，詳參蘇郁善：《吳青峰國語歌詞重疊詞研究》（臺北：國立臺灣師範大學國文學系碩士論文，2010年9月）。

航行太空　心太空　是你在慫恿　我又一次　又一次　在深夜發瘋
有人揮手　有行蹤　是你在舞動　我又一次　又一次　溺在洪水中

我的窗口　潮汐隨風翻湧　你的舉動　都是水中黑洞
現實的夢　你總不癢不痛　不見我困窘　我失重漂流

　　太空與黑洞再次聯袂現身，敘事者的失重漂流乃至困窘如溺水，亦與前
述討論歌曲頗為相似。較特殊的是，此處以「水中黑洞」形容對方舉動，指
涉對象言行的難以捕捉，隨潮汐翻湧無法平靜的陷溺者，只有敘事者一人。
此曲除了能夠解讀為愛情關係中的處境，更可擴及種種人際關係中的溝通情
境，此處「黑洞」與前文潘源良的〈黑洞〉，皆指涉失去互通、溝通無效的
情境。事實上，這正是吳青峰《太空人》專輯的核心命題。
　　一次訪談中，吳青峰表示：「《太空人》整張都是廢墟。……現代的
人就是很疏離，當我清楚表達出疏離的狀態，不也是一種入世嗎？我正是在
寫我所處的環境而已。」[12]〈太空〉表現出情感狀態中一廂情願的不安與困
窘，〈太空人〉則以「寂寞」開頭，副歌則可見距離遙遠的兩者，已然失去
互通：

曾經那麼靠近，你的舞蹈，無重力，
在對談如絮、彼此牽引的日子裡。
只是可惜，我的環境無水、無氧氣；
我的重聽，以為你說「繼續」，原來你說的……是「離去」。

12 吳青峰語。參自李癸雲、吳青峰對談：〈自我・無形的故事，豐富的廢
　　墟〉，《聯合文學》第433期（2020年11月），頁39。

誠如李癸雲（1971-）所言，專輯中的歌曲「都透過某些空間強烈地指涉對棲身之所、人生處境、世界觀的思索」，[13] 此處便以二者環境條件差異，導向溝通上的失效，說者所言與聽者所接收的，竟是如此南轅北轍。擴而言之，其指涉的豈非人際互動上的諸般誤解？更有趣的是，專輯中援引聖經故事的〈巴別塔慶典〉，同樣反思人際溝通的問題。典故涉及語言起源之故事，歌詞則更凸顯：即便口說相同語言，溝通無效仍是無法避免──因為人性的貪婪自私、剛愎虛偽。

　　必須一提的是，英國物理學家、宇宙學家史蒂芬・霍金（Stephen William Hawking, 1942-2018），曾於1988年寫下科學普及書籍《時間簡史：從大爆炸到黑洞》（A Brief History of Time: from the Big Bang to Black Holes, 1988），為大眾認識宇宙起源等相關知識，提供深入淺出的論述。2016年，中國網友就「莊周夢蝶」的故事向霍金請教。霍金認為莊周夢蝶，或許由於他是個熱愛自由的人，換作是他，則可能會夢見宇宙，且困惑著是否宇宙也夢見了他。有趣的是，吳青峰《太空人》專輯裡，就有〈男孩莊周〉一曲，兩相對照，趣味橫生。〈男孩莊周〉「還沒什麼立場／還沒語言好講」、「不要什麼立場／有話都好商量」等詞，一再呼應溝通乃至詮釋的命題，期待著眾人如其所是的聆聽與理解。[14] 夢、太空、黑洞等意象，在吳青峰筆下生發多元且深刻的意涵；以專輯規模書寫天文意象，更讓作為譬喻的黑洞，獲致更為豐富的闡發空間，令人玩味再三。

13　李癸雲語。參自李癸雲、吳青峰對談：〈自我・無形的故事，豐富的廢墟〉，《聯合文學》第433期（2020年11月），頁38。

14　霍金與網友的問答出自其「微博」專頁（2016年4月28日），詳見新聞報導及原網頁，網址：https://www.thenewslens.com/article/28632（檢索日期：2023年5月30日）

六、人文的黑洞，在路上

　　作為事件視界望遠鏡國際合作計畫（EHT）的關鍵推手之一，法爾克（Heino Falcke, 1966-）以自傳筆法寫下《解密黑洞與人類未來》一書。此書出版於黑洞影像面世之後，因此其分享的研究歷程與科學知識，皆可謂是該領域最前沿的成果。當黑洞影像正式面世之際，不僅僅科學界為之歡騰，相當有趣的是，紐約現代藝術博物館（Museum of Modern Art）、阿姆斯特丹國家博物館（Rijksmuseum）都曾經聯繫EHT，希望將黑洞影像納入典藏，有者更將黑洞照片，懸掛門廊。針對種種現象，法爾克認為這幅照片具備象徵性的力量，其不僅是科學，同時也是藝術和神話。[15] 本文所討論的華語流行歌曲中的「黑洞」，正如法爾克所言，既是科學的，更是人文（藝術和神話）的。

> ……在這張影像中所匯聚的，是整個物理學和天文學的發展，加上感動、神話解釋的需求、通達事理的沉默、對星空的仰望、對地球和太空的測量、對空間和時間的瞭解、最新科技、全球合作、人際張力、對迷失的恐懼、以及對某種全新事物的期望。[16]

---

15 法爾克（Heino Falcke）、羅默（Jörg Römer）著，姚若潔譯：《解密黑洞與人類未來》（臺北：遠見天下文化，2021年11月），頁273。

16 法爾克（Heino Falcke）、羅默（Jörg Römer）著，姚若潔譯：《解密黑洞與人類未來》（臺北：遠見天下文化，2021年11月），頁273-274。圍繞黑洞而展開的人文反思，可說是法爾克書中重點之一，僅以此段落為例：「在我看來，黑洞以迥異於其他科學現象的方式，反映出人類最根本的恐懼。黑洞

引文所述對象雖是黑洞影像，然而天體黑洞自身，豈不更是如此？除了作為科學研究對象，不同領域將從相異位置出發，對其展開各自的接受與闡釋，華語流行歌曲中繁複多樣的黑洞意象，已足以說明這一點。事實上，當一項科學成果公諸於世，進入大眾的視野，逐漸被社會認識與接受時，「人文的旅程」早已展開。

　　經由本文的討論，可見在太陽、月亮、星星、太空、宇宙等常見的天文意象之後，「黑洞」已然成為創作者熟知且樂於取用的天體意象。流行歌曲中的黑洞，以重要的譬喻現身，成為愛情主題常用意象之一，其指涉以負面情感為大宗。這種類型的書寫，頗有將嶄新天體「黑洞」，編入原有的「洞的系譜」之現象。然而，創作者筆下愈趨多元的黑洞譬喻書寫，讓歌詞中「人文的黑洞」有了更豐富的變貌，不僅是感情命題中的譬喻，更可參與人性慾念、議題反思等歌曲主題。涉及黑洞的流行歌曲，絕不僅止於本文所羅列討論者，其數量之多、書寫方式之不同，仍有待更具規模與方法的處理。然而，借由本文的略微勾勒，卻已足見「黑洞」之於流行歌曲的重要性。作為意涵豐贍的文學資源，黑洞與流行歌曲乃至其他文藝類型，必將開展出更引人入勝的成果：人文的黑洞，精彩可期。本文主標題「我們賴以生存的譬喻」（*Metaphors We Live By*），取用自1980年出版的認知語言學研究里程碑之作。此書說明譬喻思維是我們認識世界的基本工具之一，「將譬喻視為人類理解的精華、創造新一層意義與生活新真實的機制」。[17] 本文取為題名，則欲凸顯：作為譬喻的黑洞，在當代流

是深邃太空中的巨大神祕物體。在天文物理學中，黑洞代表絕對的終點，是碩大無情的毀滅機器。人可以直覺感受到這點。在我們想像中，黑洞代表吞噬一切的空無，越過其邊界，所有生命和體會都將停止──它確實讓我們窺見地獄般的深淵。」（頁269）

行歌曲中的常見性、普遍性、重要性，或已足可稱作「我們賴以生存的譬喻」。

17「對多數人而言，譬喻是一種詩意的想像與修辭性誇飾的技巧——一種與日常語言迴異的表現。……多數人便認為平常過日子並不需要譬喻。我們的發現恰恰相反，譬喻在日常生活中普遍存在，遍布語言、思維與行為中，幾乎無所不在。我們用以思維與行為的日常概念系統（ordinary conceptual system），其本質在基本上是譬喻性的。」參自George Lakoff & Mark Johnson著，周世箴譯注：《我們賴以生存的譬喻》（臺北：聯經，2006年），頁9、292。

張媛晴（中央大學中文系碩士生）

科學理性與人倫感性
——電影《星際效應》中「黑洞」的人文思考

一、前言

在天文科學領域，「黑洞」研究一直受到極高重視，至今仍無法完全看清全貌，使其產生了一種神祕色彩，也成為藝術與文學用以呈現與表達各種情感意象的題材，而電影這樣大眾傳播的藝術媒介，當然也沒錯過黑洞，從科學跨領域至人文藝術，最早以黑洞作為主題的科幻電影，是由迪士尼影業（Disney Studios）1979年所發行的電影《黑洞》（The black hole），電影中描述黑洞的模式是以漏斗和漩渦的樣子出現，但實際上宇宙的生物是無法以肉眼看到這樣型態的黑洞。除了1979年有了第一部以黑洞為主題的電影外，也有許多內容有部分與黑洞相關的科幻電影發行，比如《星際大戰》、《星艦迷航記》、《星際爭霸戰》等等，但一直到了2014年，才出現了第一部正確描繪黑洞的好萊塢電影《星際效應》（Interstellar），電影中的黑洞場景都是以人類能夠實際看到、體驗到的方式來呈現。[1]

《黑洞》這部電影主要描述主角群駕駛太空船到太空出任務時，發現另一艘失蹤二十多年的太空船「塞格納斯號」在黑洞的邊緣徘

1　基普·索恩（Kip Stephen Thorne）著，蔡承志譯：《星際效應：電影幕後的科學事實、推測與想像》（臺北：漫遊者文化，2015年5月），頁50。

何，眾人便登入「塞格納斯號」，發現整艘船只有一位人類科學家倫哈特，其他全為機器人，後來更發現倫哈特為了進入黑洞，將本來的人類船員全都改造成人型機器人，也打算將主角等人打造成機器人。眾人在發現倫哈特的陰謀後，準備離開「塞格納斯號」，卻遭受倫哈特的機器人大軍阻撓；倫哈特駕駛太空船準備進入黑洞時，遭遇隕石陣，使得船艙毀損而失控，被黑洞強大的引力吸入，而主角們則驚險地進入救生船。因為黑洞的引力太過強大，救生船無法順利離開黑洞，因此他們決定放手一搏穿越黑洞，最終他們成功穿越黑洞，並且回到太陽系，返回地球。

《黑洞》作為最早的黑洞主題科幻電影，雖然很多對於黑洞的科學描述並不精確，在劇情轉折上也較單薄，在電影中，黑洞強大的引力與無限的黑暗，引申出人性對於未知的恐懼以及無窮的慾望，反派角色在追求極致的完美目標過程中，反而喪失了原始的人性溫度，最終遭受反撲。雖然在劇情營造與意象呈現上，沒有太多精緻的細節，但是卻開啟了大眾對於黑洞的想像與關心。

到了2014年的《星際效應》，除了在科學上下足了功夫琢磨，呈現給觀眾最接近真實的畫面外，劇情中對於地球與不同星球的時間流速不同，也經過科學家團隊計算，連電影畫面中的用數學表示的方程式也是請專業的相關人員書寫與劇情內容相關的式子，[2] 導演與編劇克里斯多福・諾蘭（Christopher Nolan）與科學家基普・索恩（Kip Stephen Thorne）在劇情安排與科學事實的討論，將科學知識融入電

2　基普・索恩（Kip Stephen Thorne）著，蔡承志譯：《星際效應：電影幕後的科學事實、推測與想像》（臺北：漫遊者文化，2015年5月），頁220-221。

影編劇的交流過程，即是人文藝術領域與科學領域的跨域合作，透過專業科學知識的融入，使電影除了帶給大眾娛樂與想像的功能外，也同時兼具部分科普的功能。

　　《星際效應》在劇情的鋪陳上也較為細膩，層層堆疊，將黑洞這個透過科學理性探討與定義的對象，與柔性的親情、愛情等意象做連結，進行一場深入的科學與人文對談，以下將從劇情大綱開始進行討論，並以《星際效應》作為黑洞的科學與人文的意象連結做深入的探討，帶領讀者揭開《星際效應》中黑洞所連結的相關意象。

二、太空想像與人間親情

　　電影中的環境背景是一個全球糧食短缺，並且農作物依序出現了枯萎病，因為枯萎病造成植物大量死亡，在這樣的時空背景下，人們開始重視農業，並且對於科學與太空探索不再感興趣，大眾也不願意投入教育資源與金錢在太空探索的領域上。男主角庫柏（Cooper）本來是美國國家航空暨太空總署（NASA）的工程師兼飛行員，後來因為環境的變遷使得他被迫成為農夫，協助進行糧食的耕種。

莫非定律（Murphy's Law）

　　有一天庫伯的女兒墨菲（Murphy）發現房間書架上的書無緣無故掉落到地上，跑來告訴庫柏那是鬼造成的現象，庫柏則引導女兒要用科學的角度去思考可能發生的原因，並且記錄其中是否有規律，從這個部分就能發現庫柏從生活中就開始引導墨菲進入科學的世界。而在一次送墨菲和兒子湯姆（Tom）去學校的路上，車子爆胎，湯姆馬上揶揄墨菲，爆胎是因為「莫非定律（Murphy's Law）」，墨菲生氣的

跟庫柏抱怨她的名字，庫柏則告訴他，莫非定律並不是指壞事一定會發生，而是指該發生的事情終究還是會發生。這邊巧妙地運用了「莫非定律」做為一個伏筆，將未來可能發生的事情，串聯起來。

　　整個故事的開端，就是從莫非定律這個原理做為一個主軸展開，許多看似機會渺茫的事情，最終仍然會發生並且實現，而黑洞看似是一個幾乎無法被解開的謎團，最終仍然透過愛，超越時空限制，將解方從黑洞傳遞到地球，並且被接收與理解。

重力異常引出意外發現

　　庫柏回到農場後，村民告知他收割機出現故障問題無法使用，後來經過檢查，庫柏發現是羅盤受到某種磁場影響，而導致收割機產生故障。隔天發生嚴重的沙塵暴，讓正在觀看球賽的庫柏一家人，被迫驅車回家避難，回到家後墨菲發現房間窗戶忘記關閉，連忙跟庫柏一起去關閉窗戶，此時，看到飛進房的沙子呈現特殊排列，庫柏馬上開始研究起這些沙子的奇特現象，後來發現是重力異常導致沙子產生特殊的排列，並且利用摩斯密碼的方式計算，最後得出了一組座標，翻找地圖尋找對應的座標位置，墨菲得知後偷偷躲在車上與庫柏一同前往。

　　抵達座標地點後，發現竟是已經不應該存在的NASA總部，NASA的負責人布蘭德教授，告訴庫柏現在的環境已經不容許國家將資金投入太空探索與研究，所以正在秘密進行一個能夠拯救世界的計畫，計畫內容主要是前往太空去尋找一個適合人居住的星球。地球的情況不斷惡化，植物得到枯萎病逐漸死亡，植物大量死亡造成空氣中的含氧量會逐漸開始不足，最終人類可能不是因為飢荒而死，而是缺氧死。

　　氣候異常造成嚴重沙塵暴，導致重力異常的現象被發現，看似毫

無關聯的事物被串聯起來，並且因為重力異常所造成的排列，進一步引領著庫柏和墨菲發現NASA的座標位置，而在這個階段，對於庫柏來說一切都是未知的，無法得知如何改變現況，如同無法看到全貌的黑洞。

來自宇宙的訊息與內在呼喚

布蘭德教授希望庫柏可以接下駕駛太空船的任務，後在庫柏的追問下，布蘭德教授透露之前庫柏發現的重力異常，是因為48年前在土星附近出現一個蟲洞，通過蟲洞後，可以抵達另一個星系，經過多年的研究，發現其中有12個星球是可能讓人類移居的。所以在十年前派出12名優秀的太空人前往探測，最終只有三個以黑洞「巨人（Gargantua）」為中心的星球具備可以居住的條件，分別以登陸的太空人命名：米勒、艾德蒙斯、曼恩。

布蘭德教授告訴庫柏，他有A、B兩個計畫，A計畫是打算利用重力異常，推算出可以克服地球地心引力的方法，帶著全地球人類一起離開；B計畫則是在A計畫無法實現時，由太空人們帶著五千顆受精卵作為人類的基因庫，到新的星球上建立新的殖民地。但B計畫意味著他們必須放棄在地球的人類，包含家人在內。庫柏思考後認為A計畫可行，答應成為飛行員駕駛太空船前往土星，認為這就是自己生來注定要成為宇航員的使命。但年幼的墨菲無法接受，他告訴墨菲，她的媽媽曾經說過：「父母生而在世，就是為了在未來可以成為孩子們的鬼，讓兒女回憶。」墨菲不買單，以庫柏曾說鬼不存在為引，拿出筆記本，告訴庫柏她解出書本掉落的密碼，是「STAY」，要庫柏留下來。庫柏沉默了一會，拿出一只手錶給了墨菲，還有一只給自己，告訴墨菲到了太空後時間流速會與地球不一樣，當他進入太空旅程接

近黑洞時間流速會變慢，也許當他回到地球時，會跟墨菲同年紀，到時候可以一起來對兩只錶的時間差多少。聰明的墨菲馬上就意識到庫柏根本不知道何時能回來，十分抗拒庫柏的決定，雖然庫柏希望能跟墨菲和好再出發，但最終沒能如預期和好，只能帶著沉重的步伐離開。

　　庫柏會接下這個任務的初衷，是為了拯救自己摯愛的小孩、親人，從親情作為出發點，布蘭德教授看準了庫柏深愛家人，提出A計畫吸引庫柏去探索未知的宇宙，拯救自己的親人。但是這一切只是可能的假設，無法預期未來會有怎樣的發展。可眼前的一切如此剛好，如同黑洞帶來的強大引力，吸引庫柏和墨菲朝著這樣的方向前進。庫柏放不下女兒的心，與自己成為宇航員的使命、信念拉扯，使他做出面對黑洞的選擇。當下的一切，沉重且未知。對於前往空間的未知、時間的未知，彷彿黑洞，科學領域未知的黑洞，與此段親情做連結，渲染無盡的不捨。而因庫柏曾教導墨菲科學與摩斯密碼，墨菲才能解開書架上的訊息，用來表達時間的手錶，也成為這部電影的關鍵物品，以此表示時間、空間、重力，這些看似沒有直接關連的事物，最終成為解決一切問題的鑰匙。

三、航行在可居住條件的三個星球之間

　　出發前往土星後，庫柏和其他太空人進入休眠狀態，兩年後終於抵達土星周圍，並且親眼看到地球觀測多年的蟲洞，並且駕駛太空船穿越蟲洞，進入另一個位於黑洞周圍的星系，接著他們決定先著陸在距離最近的米勒星球，但因為米勒星球與黑洞距離太過靠近，所以時間的流速受到黑洞重力的影響，經過換算，待在米勒星球的一個小

時，等於地球的七年。他們進入米勒星球後，發現星球上充滿了水，但是水中沒有生物需要的有機物存在，與十年前回傳的資料並不吻合，同時他們發現十年前登陸的太空船殘骸，艾莉西亞告訴庫柏，米勒的太空船在降落十分鐘後，就遭巨浪打壞了，只是因為時間流速比較慢，所以地球才會一直接收到回傳的資料。

從米勒星球回到太空站後，發現已經過了23年，留守太空站的羅米利，將這些日子地球傳遞過來的影音檔保留下來，讓庫柏和布蘭德教授的女兒艾莉西亞觀看，這些年來一直只有庫伯的兒子湯姆願意傳訊息過來。然而這23年間未曾收到庫柏的回音，讓兒子湯姆無法再繼續相信庫柏還活著。這次是已經成為NASA研究員的墨菲傳來訊息，告訴庫柏她已經跟庫柏離開時的年紀一樣大了，但是庫柏仍然沒有回來。艾莉西亞對庫柏說：「只有愛能超越時間和空間（Love is the one thing we're capable of perceiving that transcends time and space.）」即使身在時間流速不同的星球，愛仍然不會因此改變，對於親人的愛，不會因為時間和空間改變而改變。

回到太空站，庫柏和其他夥伴討論，發現剩下的燃料只足夠選擇其中一個星球，他們選擇前往曼恩星球，抵達後從休眠艙中喚醒曼恩，曼恩提供這個星球上，可以成為殖民星球的相關資料給他們（不過真相是曼恩為了有機會回到地球活下來，製造假的資料與訊息，強行開走一架太空船，但進入太空站時因操作不當，引發爆炸身亡）。同時間從地球傳來墨菲的影音訊息，告訴艾莉西亞她的父親布蘭德教授過世的消息，以及布蘭德教授在嚥下最後一口氣前，告訴墨菲，他其實很早就發現無法解決重力的問題，若無法了解黑洞的全貌，就沒辦法帶著所有人類進入宇宙。墨菲雖因此事受到打擊，可她仍然沒有放棄尋找答案，想到她小時候居住的房間，出現重力異常現象，聯結

到土星跟蟲洞與地球，試圖找出能解決重力的答案。

　　進入太空旅程後，越靠近黑洞受到越大的重力影響，時間的流速和地球的差距就越大，在這樣完全不同時間空間的情況下，如同艾莉西亞告訴庫柏的：「只有愛能超越時間和空間」庫柏對於兒女的愛，並不會因為時間與空間不同而有所改變，仍然是一樣的愛。墨菲雖然一直以來都不願意傳遞影音給庫柏，但在與庫柏離開時一樣大的時候卻傳遞了第一次訊息，墨菲雖然沒有表達太多內在情感，卻可以從墨菲經過二十幾年，仍然惦記著父親庫柏離開前告訴她：「也許等我回到地球，年紀會跟你一樣大，因為時間流速不同，所以到時候我們可以用錶來對時間，看看差多少。」看得出來她一直記得庫柏離開前對她說的話，內心也一直期待著庫柏能夠在預期的時間點回到地球。這份盼望與愛，一直都沒有因為身處的時空不同而有所不同。

　　在此處庫柏一群人進入曼恩的星球後，最後發現是曼恩的騙局外，也幾乎同時間得知布蘭德教授也欺騙他們的事實，可說是雪上加霜的情況，在地球上的墨菲無疑也是受到極大的打擊，但是墨菲並沒有放棄，因為她認為布蘭德教授的公式是合理的應該能夠找到解方，此處很明顯就與最開始的「莫非定律」互相呼應了，只要可能發生的事就會發生。

從黑洞跨越時空的愛與連結

　　而此時在太空的庫柏，從羅米利口中得知，還是有一個方式可以拯救全部的地球人，但是那是幾乎不可能辦到的，必須穿過黑洞「巨人」的奇異點，並且將量子數據回傳到地球。庫柏最後跟艾莉西亞討論後決定，利用黑洞「巨人」的強大引力所產生的彈弓效應，給太空船動力彈射到最後一顆星球艾德蒙斯，並且將載著機器人塔斯的登陸

艇射往黑洞，以利將量子資料回傳到地球，結果庫柏在分離太空船跟登陸艇的過程中，也將自己分離進入黑洞中，進入黑洞後陷入迷航狀態，庫柏幾乎要失去知覺時，發現自己進入了一個五維空間，並透過空間中的小盒子看到了，當時要離開前的自己和墨菲，庫柏利用書櫃的書本製造摩斯密碼，想告訴當時的自己應該留下，但是最終自己還是離開了，正當庫柏感到絕望時，機器人塔斯的聲音傳入無線電中，告訴庫柏他們得救了，沒有被黑洞中強大的重力與奇異點給擠壓消失，庫柏將塔斯給的量子數據換成秒針運動，表現在庫柏離開前給墨菲的手錶上，讓此時正在地球的長大的墨菲發現其中的連結，並發現其實一切都是庫柏給她的訊息，包含改變重力讓沙子出現NASA的座標，墨菲很快的發現其中的連結，並且藉由手錶秒針特殊的跳動，找到了解開布蘭德教授的重力公式的量子數據，拯救了全地球的人類，庫柏之所以可以在五維空間傳遞訊息給墨菲，是因為重力可以穿越時間，將訊息傳遞給地球上的人類，其實拯救了人類的一直都是人類自己。

　　庫柏將訊息傳遞完畢後，準備離開黑洞過程中穿越時空看到過去的自己，而再次醒過來，他已經躺在醫院的病床上了，此時身處的地方已經不是熟悉的地球了，是墨菲利用他給的量子數據解決重力問題，建立的能讓全人類生存的太空站，並且以庫柏命名，名為「庫柏太空站」。此時的墨菲已經是一個躺在病床上日薄西山的老人了，周圍圍滿了墨菲的兒女子孫，墨菲告訴庫柏，她一直告訴世人能夠解出重力公式全是庫柏的功勞，但大家都不相信，而且她一直都相信庫柏一定會回來和她相見。而墨菲並不想要讓庫柏看著她離世，所以就告訴庫柏他應該前往艾德蒙斯星球與艾莉西亞會面，繼續未知的宇宙探索，此處與庫柏出發前曾說：「我覺得自己生來就應該是宇航員」是

互相呼應的，最終仍然持續自己最有使命感的道路。

　　黑洞的重力影響時間流速和空間，在最初似乎黑洞帶來的都是讓庫柏和墨菲無法建立連結的狀態，但在最後卻完全逆轉了這樣的狀態，因為黑洞的重力產生出一個五維空間，能夠跨越時空，並且透過五維空間操控地球的重力，並且傳遞跨越時空的訊息，到此處一回首才發現原來拯救了人類的就是人類自己，而地球上的墨菲之所以能夠接收並讀懂庫柏的訊息，這是建立在庫柏與墨菲之間深刻的親情與愛，愛能超越時間與空間的阻礙，因為墨菲和庫柏之間有著深刻的連結，所以能夠在庫柏透過五維空間傳遞訊息時，快速理解訊息的意義。

　　因為庫柏所傳遞的訊息都與庫柏離開地球前，與墨菲的互動有所相關的事物上，所以墨菲才能發現一切都是父親庫柏傳遞的訊息，此處與庫柏離開前告訴墨菲「父母是孩子們的鬼」互相呼應，因為墨菲發現一直以來用書架上的書跟她溝通的鬼就是庫柏。因為跨越了時空，所以在不同時空的當下，也許無法馬上理解訊息，但是事過境遷總有一天還是會發現其中的關聯。

四、愛的主題與黑洞人文意象

　　將黑洞的特性，具有強大的引力與巨大的質量，能把所有物質都吸入，並且連光都無法穿越黑洞，與人文領域最常提及的主題「愛」做結合，變得更加鮮明，「愛」這個主題，是最容易讓大眾產生共鳴的議題之一，無論是親情之愛、戀人之愛、寵物之愛等等，與愛相關的題材，在人文領域，時常做為一個題材進行創作，因為容易產生共鳴，當被運用在較具備科普性質的電影中，也讓一般大眾更能夠進入

狀況，也更容易產生興趣。

　　透過愛穿越了黑洞與時空的限制，電影中傳遞訊息的媒介，選擇與時間意象有關係的手錶作為一個媒介，也同時透過時間的意象描述，讓人注意時間的流動具體的展現。時間的流動無法用肉眼直接看到，卻可以透過電影中庫柏和墨菲最後見面時年齡差距，直接的感受到時間流速不同的衝擊。因為時間是流動性的，所以並不會靜止不動等待，同時也提醒人們把握每一個當下，時間並不會倒流。雖然電影中庫柏透過五維空間傳遞訊息，看似是穿越時空回到過去，但實則不然，庫柏在五維空間所做的事情，其實是因為在不同的空間與黑洞重力影響下時間流速不同，兩邊所發生與接收的訊息是在同一個瞬間發生的，所以墨菲才會發現一直以來她透過書架、手錶收到的都是庫柏傳遞給她的訊息。

　　黑洞作為電影描述的主要對象，科學的領域在人文藝術呈現出來的角度，就不再只是數據，而是能夠透過黑洞的天體現象，轉化呈現不同的意象，利用黑洞重力的理論，跨越時空傳遞愛的訊息，將理性的科學領域與柔性的人文藝術領域做跨域結合，使得科學能夠更貼近人們的生活，也使得黑洞的想像空間擴大，變得更加具體且富有趣味。黑洞透過人文領域轉化，可以成為一個無限與未知的象徵，以及時間與空間的距離的表現媒介，也述說著無盡的愛，讓黑洞不只是一個天文發現，而是進一步透過轉化產生時間、愛的意象表現的述說對象。

潘殷琪（中央大學中文系碩士生）
現代詩中的「黑洞」意象

前言：在時光的黑洞中，輕輕的觸

　　「Black Hole」之名，是由美國物理學家約翰・惠勒（John Archibald Wheeler, 1911-2008）所定，主要是因為但凡進入史瓦希半徑（Schwarzschild radius），所有物質、能量都會被其重力束縛、捕獲，而此「一片漆黑」的狀態，像極了「僅由單方面吸入，任何事物卻都出不來的洞穴」。[1] 即便在周圍，光的軌跡也會因重力而遭到扭曲，進而影響圖像的呈現，致使無法直接觀測黑洞本身，故在2019年「事件視界望遠鏡」（Event Horizon Telescope, EHT）國際合作計畫公布首張影像前，人們對它的印象，多是依據虛擬模型、照片及動畫形構。

　　雖說在科學方面受限於種種因素，尚有諸多謎題無法解釋，但自「黑洞」問世至今，已然成為創作者筆下的新興元素，那些未知性和不確定性，在文學家眼中成了能賦予更多聯想和寄寓的意象，特別是在被真正拍攝並呈現於世人眼中以前。過去，人們無法藉由切實的審美觀照產生對話，僅能依憑虛幻想像，對宇宙萬物進行象徵性的模擬

1　上述觀念整合自羽馬有紗著，許金玉譯：《前進黑洞：宇宙之旅的單程車票》（臺北：臺灣東販，2012年1月），頁112-115、150。

與再現,同時在過程中自我覺察,將隱微晦澀的情愫重整。

它是謎樣的漩渦,或主動或被動的將執筆者吸入,使之在既有客觀事實上,建構自身對於黑洞的主觀理解、詮釋和想像,從而以不同形式譜寫出複雜的幽微心緒與情感自剖,而在眾多文類中,又以現代詩的運用較為深入且廣泛,因此,思考詩人如何將自我的歡愉、痛楚等感官經驗,以及價值、記憶等思維,揉合進入由詩句構築的世界,以展現與現實的衝突和差距,即是本文欲關注的課題。這些固然是生活雜感的組成因子,然亦是詩人最真切的情緒投射,甚至可能隱含將讀者心靈和意識引導至超乎想像的境界之企圖。

臺灣現代詩史中,出身化工系的白靈(1951-)較早以「黑洞」為題,並實際將意象運用於詩創作中,自1979年以〈黑洞〉獲第二屆時報文學獎敘事詩首獎起,爾後數十年,在其創作中仍可見對此議題的持續關注。[2] 此外,2010年代亦先後出現三本名稱包含「黑洞」的現代詩詩集,依時間序是:陳少(1986-)《被黑洞吻過的殘骸》、[3] 徐珮芬(1986-)《在黑洞中我看見自己的眼睛》,[4] 以及湖南蟲(1981-)《最靠近黑洞的星星》。[5] 於此區間,任明信(1984-)亦有運用黑洞意象創作之詩篇。[6] 上述現象及其背後的創作

---

2 白靈:《大黃河》(臺北:爾雅出版,1986年)、《沒有一朵雲需要國界》(臺北:書林出版,1993年)、《愛與死的間隙》(臺北:九歌出版,2004年)、《女人與玻璃的幾種關係》(臺北:臺灣詩學季刊社,2007年)等作品中,皆有與「黑洞」相關之詩作。

3 陳少:《被黑洞吻過的殘骸》(新北:INK印刻文學,2015年10月)。

4 徐珮芬:《在黑洞中我看見自己的眼睛》(新竹:啟明出版,2016年7月)。

5 湖南蟲:《最靠近黑洞的星星》,(臺北:時報文化,2019年6月)。

6 此區間除任明信外,必有其他與黑洞意象相關之詩篇,但礙於篇幅及筆者學力有限,本文謹會論及上述提及之詩人及其詩作。

動機皆值得深掘，同時也可針對詩人之於黑洞描摹手法的異同、詩美學的分別，乃至於詩語、詩法及詩境的拓寬等進行剖析。

> 詩篇寫成了讀起來多麼容易／而我的，仍垂懸着，無窮的待續句／在內裏，向深洞的虛黑中／探詢呀探詢／數萬滴汗珠詠成一個字……句與句的呼應，卻是／幾千萬年的距離啊／可以感覺相遇時會是怎樣的震撼／當向下的鐘乳與緩緩、向上的石筍／當可知的與冥冥中那不可預知的／在時光的黑洞中，輕輕的／／觸！（白靈〈鐘乳石〉）

誠如白靈所言，讀者所見的成篇詩句，是詩人在虛黑的深洞中努力探詢的成果。暗處，是自我對話的最佳場域，在這個黑能無限延伸的空間，我們以觀看世界的能力，換取其餘四種感官的敏銳提升以及勇敢做夢的權利和狀態。[7] 於是，縮短「幾千萬年的距離」僅在字句之間，將「觸不可及」更改成「觸手可及」，似乎也得以實踐，就如同詩與科學，兩個看似毫不相干的兩端，便在「觸」的剎那，激盪出無以言表的震撼和迴響。

民族與國土──屹立於黃河之上的黑洞敘寫

有眾多意象可以用於敘說天安門事件，何以白靈擇用黑洞？我

---

7 「詩之於文學，猶如夢之於人生」、「作詩與做夢頗為相似，……兩者都需要獨處需要閒暇需要一種『做夢的狀態』」、「夢境的變換經常瞬時萬變……，實與科幻相類。詩境的轉進又何嘗合乎邏輯……，跨越時空毫無遮攔」見於白靈：〈只要還有夢〉（後記）《大黃河》，頁221-226。

想，〈本詩源起〉末段起首所言：「同為青年，卻生在光明與黑暗的兩個極端。」便足以作為此題之解。

　　對於黑洞的認識，在詩人執筆寫下的時代實是相當欠缺的，但也因為如此，才能在已知的客觀事實中，參雜自身對於黑洞的主觀理解和想像，進而陳述對於中國大陸土地及中共政權的複雜心境，甚至能透過顛覆黑洞的特性，用以表達中華民族的堅韌與勇氣。

　　〈序詩〉起首，詩人運用極具張力的筆法描寫黑洞的密度、引力，以之直指中共極權政治的高壓狀態和運作模式，[8]「吸住會燒，會燃／會飛的，吸住光！」將有血、有肉、有理想的萬物吸附並吞噬，其中也包括歷來象徵希望的「光」。多數黑洞是由質量達一定程度的星體，於其壽命盡頭時轉化而成的最終樣態，[9]詩人如此說明，無疑是明指遭受人民反撲的中共政權已走上末路，天安門事件僅是開端，是「久蟄後的第一聲春雷」。

　　最終，這塊詩人所愛的土地，在夢裡「竟也崩落，坑成黑洞／地心引力龐大／吸住我，吸我下墜，下墜──」，而化解無止盡下墜的

8　多數黑洞是由質量為太陽兩倍以上的恆星重力塌縮（gravitational collapse）後形成，此過程如下：「當恆星的燃料用盡時，就沒有能量持續向外的擴張力，因為沒有機制抵抗往內陷塌的重力，他的重力會把本身所有質量往內擠壓，最終邁向死亡。」在此巨大重力的擠壓下，導致塌縮物質有著難以想像的高密度，重力場也變得奇大無比，最終形成連光都無法逃遁的黑洞。資料整合自陳明堂：《黑洞捕手：台灣參與史上第一張黑洞照片的故事》，（臺北：遠見天下文化，2020年3月），頁44。

9　承註8，其餘並非經由重力塌縮形成的黑洞，「也許只是由大量的物質經年累月盤旋成的普通黑洞，或者是許多普通黑洞合併而成的，也可能是早期宇宙的超大恆星塌縮後的產物。」見於格雷恩・羅騰（Graham Lawton）撰文，畢馨云譯：《萬物視覺化──收藏大霹靂到小宇宙：人類與物質的科學資訊圖》，（臺北：大寫出版，2018年7月）。

唯一方式，便是奮力睜開雙眼。

　　1976年的天安門事件又稱「四五運動」，相較於後來1989年的「六四天安門事件」較鮮為人知。此事件之開端係於清明時節，大批群眾湧入人民英雄紀念碑前，表面是以獻上花圈、發表演說、張貼標語及詩歌等行為悼念周恩來，實則是藉此表達對四人幫的不滿，以及對「四個現代化」的渴望。

　　於是，試圖睜眼看世界的人們在廣場上「把希望，借鮮花／不論鮮紅或暗紫／橙黃或發白的希望／借着鮮花，一圈又一圈／一層再一層，在這裏／相疊、再相疊」。然這些色彩如同星宿般的層層「希望」，卻於夜晚不斷被運走、撤除，像是不曾存在般，抑或是被吸入黑洞那樣，消失的無影無蹤。

　　接著，詩人以夏之炎筆下[10]的下鄉知青──古乃新之視角書寫，從站在外圍旁觀，到思及昔日為黨賣命，卻在奉獻一切後遭下放、勞改直至死去的同僚，憤慨失望的情緒在大量的「！」和「？」間逐漸失控，即使知道那些「豺狼虎豹正以尖小的眼睛／在陰暗的林裏／……／在各個路口／躲躲藏藏」，像極了潛伏於宇宙深處的各式黑洞，以他為首的人們仍無所畏懼，步步向前進逼。此時的他們只願化作天安門前華表上蹲踞的「望天吼」，嘶吼、啃咬，直到這個「黨」沒落、覆滅。

　　見此情景的民兵、公安部隊，紛紛手持槍和棒子將人群圍困，「森林越圍越密了，都快看不見天了」，如此密度和塌陷完全的巨大

---

10 夏之炎著，李永熾譯：《凜風、血雨、天安門》（臺北：時報文化出版，1977年6月）。

恆星已無甚區別。最終，「棒子如大雨揮下，揮下／許多我的同伴倒下／我也倒下，倒在碑前」，點點血跡如同鮮花般，在廣場各處綻放。

但倒下並非昭示終結，眾人的血液逐漸滲入這片他們鍾愛的土壤，並在涓滴間慢慢匯流成河：「我的血，我的靈魂附着的血／逐漸，逐漸滲入地裏，土裏／而且一直下滴下滴／彷彿有種引力引我下墜／下墜，下墜──／黑黑裏，我聽到更多下滴的聲音」。由於在黑洞中聲波無法傳遞，因此這個聲音僅是詩人／古乃新的想像，表達希冀大義獻身後，仍能在這個具有無限可能的未知空間中，重新凝鍊、建構，並以一種全新的、反現實的姿態，突破黑洞，滲入植物根莖，以花圈的形式重現於世人眼前，將他們的精神和希望生生不息地傳遞下去。

全詩如瘂弦品評〈大黃河〉時所述，白靈在〈黑洞〉一詩上，把相關知識「作了必要的臚列，增加全詩的『實感』」，[11] 運用敘事詩的文類特性，將黑洞意象與整起歷史事件巧妙融合。時隔二十年，白靈再度以「黑洞」與「夢」結合入詩，字詞雖較過往簡潔許多，但欲傳達的信念卻始終如一。

「誰來掙脫他作的夢？」（〈一尊黑洞〉）[12] 便是這個「民族解放」夢，以巨大的引力將物質／人民吸引，層層密密地向城市包圍，使疆域遼闊的美麗故土向內部急速萎縮，一瞬間陷落。

正如詩人反覆自述的那樣：「宇宙便是整個社會的投射及縮影」，在帝制終結、高唱民主自由的時代裡，原本於「宇宙（農村）

---

11 瘂弦：〈待續的鐘乳石──序「大黃河」〉，《大黃河》，頁3。
12 白靈：〈一尊黑洞〉，《愛與死的間隙》，頁104-105。

輯二・專文

深處躲着」（〈黑洞〉《大黃河》）的那些，在毛澤東展臂高呼時自暗處浮現，針對反黨的一切群起而攻，將之吸住、吞噬、燃燒。因此可以這麼說，毛氏思想及其延伸，便是整個中國黑洞的根源，亦是白靈詩中黑洞的主要象徵。

宇宙相互遠離的同時，詩與科學正在逐漸靠近

有別於白靈針對黑洞意象長期之重視，可能是源自其學識背景，2010年代新詩壇於此議題的應用和關注，筆者認為，或許與2006年正式啟動的「事件視界望遠鏡」有所關涉。[13]

此計畫於2017年4月首次進行為期十天的全球連線觀測，成功捕捉到位於室女A星系的黑洞，並在2019年4月10日全球同步記者會中公布成果──人類首張成功拍攝的黑洞影像；2022年5月12日，發表的第二張影像，則證實了位於銀河系中間的射手座A*為直徑約6,000萬公里的黑洞。上述收穫在當時皆引發全球熱議，從而出現世人關注黑洞的熱潮，各式討論及展覽一時間如雨後春筍般充斥整個社群媒體，湖南蟲在詩集後記便清楚記述照片流傳的過程及其引發的效應。[14]

然而在計畫開展過程，但影像尚未被實際拍攝以前，任明信、陳

---

13 資料整合自：https://reurl.cc/qLrvjq（檢索日期：2023年5月20日）
14 湖南蟲在〈後記──讓我搭一班會爆炸的飛機〉中有言：「不知為何，就聯想起前些日子瞬間洗刷所有社群網站版面的黑洞照。其實是一張再無聊不過的照片，卻隔空吸引了許多關注，好像真顯影了所有人內心的缺乏與虛空，無中生有，神魔現行。」充分說明了黑洞影像和人們情感投射的隱微關係，而詩便是體現關係的直接證明。見於湖南蟲：《最靠近黑洞的星星》，頁234-238。

少、徐珮芬等人便已於此區間出版相關詩作。雖說未有實證能說明他們受到影響，但隨著傳播形式與媒介的拓展，天文知識和資訊逐漸步入公眾視野，進而與文學相互勾連，因此，科學成為詩人筆下的靈感素材顯然已成為潮流趨勢，而這些作品的產生，無疑便是執筆者在宇宙探勘的歷程證明。

任明信《你沒有更好的命運》[15] 中的〈宇宙學〉（組詩），便從伽利略的日心說談起，「地球不是宇宙的中心／太陽也不是／誰來告訴我／你也不是」（〈日心說〉），末尾兩句沉重的低語呢喃，拒絕承認銀河系中心有個超大質量黑洞的既定事實，[16] 傾訴深陷情感糾葛後的內心煎熬。早在上世紀九〇年代，這已是整個天文界乃至全世界皆有的共識，何以詩人堅決表述抗拒意識？因為一旦承認，那麼他便只能在這個「光都無法遁逃的場域」（〈黑洞是黑色的〉），獨自敘寫恆心／恆星將死之前的那個崩潰故事。

雖說進入史瓦希半徑後，就意義上而言並非與外界完全隔絕，但若長期困居在這個以黑洞／你為名，卻感知不到黑洞／你的世界，那麼便相當於身處「沒有上帝／沒有天堂／沒有輪迴」（〈可能〉）的黑暗孤寂中，只能永久的被動接收訊息，直至逐漸失去信仰，喪失存在的意義。既然如此，那麼倒不如不曾存在，正如「如果生命未曾出現／是否就不會為了逝去而難過」（〈大爆炸〉）的心境陳述。

---

15 任明信：《你沒有更好的命運》（臺北：黑眼睛文化出版，2013年12月）。

16 在1974年「人馬座A*」正式被命名以前，科學家們早已關注到此處的無線電波極其活躍，因此儘管任明信撰詩時黑洞影像尚未被拍攝，但此處有黑洞已是眾所皆知的既定事實。更多訊息請見：https://pansci.asia/archives/348502（檢索日期：2023年5月20日）

於是，在掙扎無果後，詩人選擇以「光年」的速度墜落。[17] 任明信之所以將距離單位如此轉化，蓋因在下墜時，想起了光的移動可以改變時間與空間。[18] 霎時，他似乎回到在遇見黑洞前，那個想搬去水星居住的溫暖夢想中，也憶及自太陽系漫遊至銀河系的行旅間，遇見「除了星球／以外的那些／身體裡／除了回憶／以外的那些」（〈冷暗物質〉）時的心靈觸動。

自古文人作詩，「觀物以取象」便是重要的美學手法，意即透過仰觀俯察，將宏觀考察與微觀審視相結合，從不同角度對物體進行全方位的觀照。但若是這個物像／物質隱身於宇宙，即使有光，也無法透過任何波段的探測器或望遠鏡觀測，那麼當代詩人任明信究竟是如何體察，進而生發這些感觸？就科學層面，束縛星系運動的引力給予我們最直接的證據和解答；而若單看文學，便是那些用來解釋「你出現時的音樂」（〈超弦理論〉）的弦，以及作者在曖昧模糊地帶，誘發讀者想像的未盡之言。

「霍金說／整個宇宙／正在互相遠離／這是我聽過／最悲傷的事情」（〈宇宙〉），在組詩末尾、終結墜落之前，任明信想起了英國物理學家史蒂芬・霍金（Stephen William Hawking, 1942-2018）於24歲發表的論文〈宇宙膨脹的屬性〉（*Properties of Expanding Universes*）。陌生的天文理論於他而言或許深奧難懂，然相互遠離的

---

17 任明信：「與其說是距離的單位／我更相信那其實是某種／墜落的速度」〈光年〉，《你沒有更好的命運》，頁11。

18 光年係指光在真空中，一年內能傳播的距離，但由於黑洞引力的影響，致使光遭到扭曲，如此也改變時間與空間的定義，因為「在太空及地球上測量現實的是光；光不僅測量，還定義了時間和空間。」見於法爾克（Heino Falcke）、羅默（Jörg Römer）著，姚若潔譯：《解密黑洞與人類未來》，（臺北：遠見天下文化，2021年11月），頁61。

客觀事實，不正是詩人的心境寫照？於是他提筆，以直白的話語，將感觸寫下。

撿拾性愛遺留的腐朽，將黑洞變異重構

　　同樣關注到宇宙膨脹造成人際關係遠離的還有詩人陳少，「妳一定感覺到了／宇宙／一天比一天擴張著／道別早餐，我們／既定的軌道逐段疏遠……將黑洞的花火誤解為青春／妳伸長脖子張望，即使／燃燒的隕石還在光年之外」（〈宇宙觀〉）。若說任明信是以雙關話語，使客觀事實與主觀情感相互映照，那麼陳少便是將黑洞拆解，曲折映現即使對現實感到憤恨不平，但仍無力抵抗壓力的人們，如何一步步走向崩潰的臨界點，並於抉擇後自願墮入黑暗。[19]

　　其詩集《被黑洞吻過的殘骸》的創作理念，開篇之作如此：「燈泡的思維一閃一滅／於是我們有了更換的念頭——／改用LED寫詩，或者／乾脆倒頭大睡／做一個長長的夢／沒有過剩的光源／招來陰影」（〈家居〉）。日常生活中人們常以燈泡的圖像，表述想法乍現的樣態，此處詩人巧妙運用其能量消耗殆盡時的明滅特性，以及黑洞為恆星衰亡的型態意涵，譜寫出想在「滅」狀態以黑洞入詩的構思。於是，做一個長長的夢，便成了詩人緩慢步向「黑洞的夢」（《被黑

---

19 陳少於專訪中自述：「某種程度詩處理了我的悲觀，以及看到不公不義事情之下的憤恨不平。譬如低薪現象、高房價現象、唯錢史觀的社會等等」、「現在的生活、工作、社會、政治，讓我處在的世界差不多是被毀壞過後的世界，像殘骸一樣」，由此便可得知此詩集欲關注的議題、欲表述的情感，而以黑洞意象入詩便是其表現手法。見於陳怡仲：〈因為殘骸，也是曾經的存在——詩人陳少《被黑洞吻過的殘骸》首本詩集發表會專訪〉，《國藝會線上誌》，2016年1月25日。

洞吻過的殘骸》輯四之名）的途徑。

　　但並非每次倒頭都能順利入夢，「又是他夜未完成的／夢囈，花朵吐出／一粒安眠藥，絕美／而絕情的盛開／花瓣落在海面／聆聽月色的擱淺／一分一秒釀成漩渦／你拋下船錨／潛入更純的黑／自主／夜的無常」（〈瓶中夢〉），妖冶花苞中的藥物，如同伊甸園中的禁果，誘發失眠患者採擷的慾望。花瓣落下時，觸動水面泛起的漣漪，逐漸擴張成以黑洞為軸心旋轉的銀河系漩渦，並在黑暗罅隙中，以耳蝸之姿，靜聽服藥後人們傾吐的夢囈，和那個流傳已久、以自主為名的墮落故事。

　　　城裡的男女和今夜／無數的青春一樣／曾經將自身燃燒／成就
　　　死亡前／全宇宙的光明／自成一體的星系／與黑洞共生，共滅
　　　／但我們還是困在城裡，青春的餘燼成為夢，在黑最深層的領
　　　域扎根／隨著夜深入角落／於日出前吞下安眠藥／從此不再期
　　　待白晝（〈不眠之城〉）

　　同樣寧願遁入無常夜色，不願再期待白晝的還有不眠之城的男女。他們像瀕死的恆星，在走向毀滅、被黑暗吞噬以前，徹夜狂歡，燃燒自己，將青春的能量榨乾，化作那晚銀河系中最絢爛的光彩。爾後，悄悄沉入角落，服下安眠藥，在沒有未來的深淵中自我安葬。

　　究竟是何種的壓力，才使巨大鮮活的生命，於一夕之間崩潰／崩塌？陳少如此為我們解答：「負荷過多的希望而墮落／一顆暗滅的星啊／蒼蠅已經迫不及待」（〈錯願〉）。綜觀整本詩集，詩人運用大量昆蟲、動物的殘酷生態，描摹現代生活中的腐敗圖景，諸如發臭食物孕育的蒼蠅、搬運生殖器分泌物為食的工蜂，以及臣服於情色費洛

蒙的男女，如何在污穢躁動中徹底放縱，藉由瘋狂性愛逃避現實帶來的箝制，「舌頭在誰的身上摩擦／像火柴劃出黑洞／影子被拉長／吞噬悲傷的玩笑／容忍一切關乎趨光的謊」（〈眼球〉），隱晦勾勒出文明進程對人們心靈造成的扭曲壓迫。

生活重擔以及各式期待的目光，致使人們逐漸習慣「扮演光鮮亮麗的行屍走肉／香水古龍水灑遍全身／掩飾被名利權位煙燻／腐臭從未活過之靈魂」（〈騷〉）。最終，如同卡夫卡《變形記》中的主角，在厭倦一切後異化成蟲，並在諷刺的結局上演前，先一步華麗退場，悄然隱身於腐朽之中，忘卻自己曾經生而為人，「遺忘自己曾泅泳於羊水／早已習慣／在黑暗的疆國遷移」（〈溫泉〉）。

在被下令失眠的每個夜晚，無意識地掏空再修補

面對失意，陳少詩中的頹喪男女選擇服藥沉睡，只為不願見到隔日的曙光；湖南蟲則是在戀情告終的崩潰邊緣下，不斷嘗試以「金繼」[20] 修補內心深不見底的缺口，儘管過程中藥物持續增減、睡眠照樣丟失。《最靠近黑洞的星星》便是整段求生過程的真實記錄。

「你走的那一天／我的心發出異象／召喚出一整片黑夜」（〈伯利恆之星〉），自那日起，暗，便成了詩人不斷追尋、企圖捉住的妄

---

20 湖南蟲在詩集開頭的〈代序——金繼〉提及「金繼工匠的勞作，從破損開始」。「金繼」係指以漆和金屬粉末修復陶器的傳統手工技法，其意義在於，它是將破損和修補視為物件歷史的一部分，而非掩飾。筆者認為，作者之所以如此提出，便是欲將這個說法套用至人的心靈修復，亦即正視過往傷痛，而非視而不見，希冀時間能平復、掩蓋一切。見於湖南蟲〈代序——金繼〉，《最靠近黑洞的星星》，頁17-28。

想。他把黑夜召出，將自身潛藏，彷彿如此就能隱匿在黑洞／你身側，偷偷汲取那自黑洞周圍，不斷逃逸的電波和能量，[21] 甚至欺騙自己，這是你不曾離去的證明，「你像持續照亮我的／滅掉的恆星」（〈備忘錄〉），即使黑洞無光是人盡皆知的事實。[22]

　　但他忘了，索取本身就是掏空自我價值的行為。「靠近、靠近你／如一趟摸黑前進的旅程／不斷偷竊與搶劫」（〈神說〉），於是，越是接近，掏空的狀態便愈發深刻，無論是精神亦或心理狀態。明知這無異於自殺行徑，卻未能自控地欣羨那距離你最近的星。空洞，似乎成了你曾經存在過的唯一證明。

> 「或著，夜空裡發現的／一顆，最靠近黑洞的星星／出發／想著那裡也許／可以收留你／無法裂解的沈重／／都沒有發現我／／這樣說著的你／都沒有發現我／也是值得靠近的／一顆星星／在你的附近，動彈不得／無法遠離且／再進一點就粉碎」（〈致太空人〉）

　　是真的不願被發現？還是希冀愛人終有一天能回心轉意，將那無處安放的疲憊身心重新收留？人在失去後，總愛拼盡力氣抓住逝去的過往，似乎這樣就不會淡忘，那些人、事、物也能依舊停留在那，但

21　之所以會有不斷逃逸的電波和能量，是因為黑洞四周的氣體受引力影響，在圍繞打轉時會互相摩擦，進而產生高熱、釋放能量，這些能量一部分會被黑洞吸收，另一部分得以逃脫黑洞的引力。跑出來的能量因包含電波，故會產生光亮。見於陳明堂：《黑洞捕手：台灣參與史上第一張黑洞照片的故事》，（臺北：遠見天下文化，2020年3月），頁16。

22　承註21，即使黑洞無光，但我們仍能藉由拍攝黑洞周圍因逃逸電波而形成的光環，進而觀測其形狀和結構。

真是如此嗎？日復一日，地球照樣運轉，宇宙仍持續擴張，毫無改變的只有深陷記憶，自願背負重壓卻甘之如飴的自己。

在長期自我放逐，任由陰暗感情折磨自己的多時以後，神出手了。「神說：『要有光。』於是有了暗／神見我萬事俱足／並不懼怕夜晚，便使我缺乏」（〈神說〉）祂將流淌於血脈中的瘋狂釋放，讓執念與渴望在體內肆意竄動，並且勒令禁止製造幻象，以自我欺騙抵擋真實，一切皆只為在痛覺達到極限的那刻，令所有妄想歸零、瓦解。儘管如此，詩人還是滿懷執念的向神低聲祈求，「祈求再一次體會／身為人類的滋味」（〈靠近〉）。

因為他知道，終有一天還是要將持續回望的目光轉正，但在那日到來前，還是想鼓足最後的勇氣去相信，「在我抬頭所見遲到的星光裡頭／只有你是真實而未滅的」（〈宇宙〉）。在黑洞的重力作用下，時間和空間概念轉換，那刻彷彿你未曾離去，只是如同那些離線時傳送的訊息，不小心遲到了，所以錯過了。

「我對著黑暗輕輕說出：／都過去了嗎？／都過去了嗎？」（〈都過去了〉），湖南蟲這段求生過程似乎還在繼續，而記錄尚未停歇。

如黑洞般窒息的愛戀，是我對你最大的佔有

平復失戀心緒的方式有千萬種，徐珮芬選擇建造一座牢籠，並將自己圈禁其中，在裡頭任性做夢，想像該如何將對方圍困、活埋，抑或自身如何被踐踏、絞殺，只為以特殊霸道的形式，編寫彼此人生的劇本，並且強行參演。她在《在黑洞中我看見自己的眼睛》中那些違背人倫常理的童稚之語，卻是詩人最真實袒露的心境表述。

「曾經有人愛過我／愛得我至今／還沒爬出洞口」（〈不再與誰談論相逢的孤島〉）。面對情感撕裂而成的創口，詩人究竟是深陷其中無法自救？還是在幾經思量後，義無反顧地縱身躍入？我想，是兩者都有的。入洞最初，她發現就如同〈我死了〉般的場景，絲毫無人在乎她的存在與否，甚至在被推入湖底之後，昔日愛人也是牽起新歡轉身離去，「你不需要知道／我沒有浮起來」（〈過著幸福快樂的日子〉），將哀戚心緒展露無疑。

　　在從一而終的夢想破碎後，詩人意識到現實生活中，再也沒有比她眼中持續堆疊的陰鬱，更為深沉的幽暗了。「我不害怕黑色，我害怕所謂的黑，其實不只一種顏色」（〈後記——還沒說完的謊話〉），於是，她將雙眼置於黑洞，因為唯有在其中，才能不用壓抑，將一切負面思緒盡情釋放。同時，將那些不願道出的情愫順便埋葬，「它知道／所有的事／例如我其實愛你／那麼美麗的秘密／我永遠送不出去」（〈夜晚都知道〉）。

　　漸漸地，她開始習慣黑暗，「我害怕任何散場後的空曠／害怕太低的地方／害怕過於平滑的表面／找不到一個洞可以鑽進去」（〈比世界末日更恐怖的是……〉），好似唯有被黑洞包裹，被沉鬱澆灌，才能無畏恐懼，並讓緊繃的身心在鬆弛後，不會顯得那麼空虛。

　　甚至，黑洞外的漩渦成了迷宮般的護城河，而中心則是如同城牆般的存在，「天雨將至時／如你覺得累／就把自己裝進蝸牛殼裏／或想像自己／變成一株植物／用黑咖啡澆水」（〈憂鬱治療指南〉）。因此，誰說黑洞就一定是負面的？

　　世人常言，「水、空氣、陽光」是生命三要素，缺一不可，但其實厭氧生物不需要空氣，那些長年寓居洞穴和深海中的生物，終其

一生也沒見過陽光，因此生命要素之重要性及必要性，應是以物種需求不同而定。以詩人為例，光，便不受喜愛。「我討厭極了感冒／痊癒的時候／像從地底最深處／倏地被拔出／不是所有植物／都熱愛光照」（〈案發現場只留下一張紙條〉），即便光能使病症康復，但它就如同醫生強行為病患把脈，時辰一到便自顧自地闖進你的視野，絲毫不在意患者真正的感受及需求。

甚至，光之於她是有害的，「我被像你一樣的光直接穿透／我被你的光穿透／我被你穿透／找不到地方／可以安睡」（〈光照治療〉），在生理上令她失眠且無處安睡；在心理上則是赤裸而無所遁形。所以，誰說曬太陽有助身心健康？

最終，在沒有光的世界，她建造了獨屬自己的國度。一旦進入，那麼離開便成了妄想：

> 我要壟斷／這世界上全部的交通／讓你走不出／我的夢境／／如果你輸／我不要你償還／只要你繼續陪我玩／／倘若我輸／我就把所有的鈔票和地契揉爛／把棋子和骰子藏進口袋／我不准你／跟別人玩（〈只想和你一起玩大富翁〉）

在這裡，毫無保留地展現自我是一切前提。她時而天真爛漫，時而任性乖張，她會傾其所有來愛你，但同時也希冀你有能力承受、有勇氣回應。若是同意，那麼「將門打開／裏面的一切／就是你的了」（〈我是個抖M如一隻鞠躬的長頸鹿〉）。

「先別相信她、別輕易相信這本詩集裏任何句子。除非你想在黑洞中看見自己的眼睛。」（〈後記──還沒說完的謊話〉）。所以，

如果說進入疆界的前提，是必須無條件相信徐珮芬，相信詩集中那些虛實交錯、難辨真假的句子，那麼，你還想進入嗎？

結語：詩是愛與掙扎的痕跡，亦是逸離時空的證明

　　詩之於詩人，其本質、功能和界說究竟是什麼？詩又能如何展現生命，展現生活？這是龐大且較難有具體答案的問題，但若僅匡限在本文論述的範疇，或許還是值得一試的。

　　白靈首先在《大黃河》的後記〈只要還有夢〉中論及詩、夢與人生三者間的關聯。他說「詩與夢都源自人生」，因為「作詩」和「做夢」的情感抒發慾望，多半生發於對人生切實事例的體悟與感觸，而實踐二者的途徑便是「倚靠想像」。夢雖情節荒誕卻是情感的真摯流露，反觀人生則是虛假面向居多，詩則是在追求真切夢境的同時，不自覺地摸索現實常規以期能闇合準則，而想像的重要性便是將三者構連。

　　它是人與生俱來的能力，自孩提時期，我們以感知、認知到的一切作人中一火幻想憑據，透過「私語」進行自我溝通與整合，肆意地構築虛實交錯的國度；然而隨著年齡增長，「想像」似乎在現實的權衡間逐漸自腦中引退，[23] 取而代之的是更為豐富的社會經驗、事實推理，以及深刻的省思、批判和情感。但這個能力消失了嗎？還是如同那些宇宙中的暗物質，在身體血脈中看不見的角落潛伏？等待著某一

23　根據心理學發展理論，胎兒頭部佔身高二分之一，新生兒是四分之一，成人則是八分之一。多數情況下，隨著比例改變，幻想會逐漸減少，而事實推理逐漸增多。

天能藉由具體表徵，將之重現眼前，譬如詩、譬如夢。

　　本文提及的詩句便是最佳例證。詩人們以「黑洞」作為想像的媒介，將其入詩、入夢，運用各自源於人生的理解和經驗加以詮釋，任由情緒在文學的世界中宣洩排解。因此，若說黑洞影像足以證實，宇宙正中心確實存在人馬座A*這個巨大黑洞，那麼詩便是呈現了人的內心深處，也有個出自於想像的、深不見底的洞穴。它可以是不願正視的傷疤、是心靈無數陰鬱及悲觀的堆砌處、是躲避現實並將脆弱藏匿的防空洞，又或著是能提供和自己獨處對話，嘗試與自我和解的最佳場域。

　　此洞穴之所以具備如此多樣的功能，除了創作主體對詩觀的理解和詮釋不盡相同，以及其內心所對應的外在客觀現實差異外，主要還涉及到各個世代針對詩之效用的看法。詩評家李瑞騰曾說：

> 記錄與見證當然是一種重要的詩之效用，但年輕詩人談的不是時代的見證，不是社會的記錄，而是回歸到自我，這一點很重要。[24]

　　雖說此言是針對當時詩壇的新生代主力──戰後出生第三世代（1965-）的詩人群體，然此說法套用於本文卻不違和。率先以黑洞為象徵的白靈是臺灣新詩第二世代，其〈黑洞〉便將詩的「記錄」、「見證」效用，充分雜揉在內容之中，進而思考除了反映社會現實的功能外，還能如何藉由詩語呈現創作主體於此情節下的民族情懷，將

---

24 李瑞騰：〈臺灣新世代詩人及其詩觀〉，《臺灣詩學季刊》第三十二期，2000年9月，頁41。

自我觀點充分表述。

其餘三位以「黑洞」為詩集命名的詩人：陳少、徐珮芬、湖南蟲，則分屬第四和第五世代，陳少將焦點關注在被現實壓力籠罩、吞沒的人群，其心靈是如何步步走向崩潰邊緣，最終選擇在夢境的廢墟之上自焚並消逝；後二人則不約而同地將「愛情」視為內容觀照的主要目標，或以獨語形塑內心的掙扎與衝突，或以時間空間的快速轉換、壓抑壓迫的情緒氛圍，曲折勾勒出至今仍無法排解的悲痛及空虛，於此便可看出新生代詩人明顯回歸自我的轉向，並且這個回歸，還不囿於文學的領域規範。

針對同樣議題，詮釋手法和內涵卻出現如此分歧，除了世代差距、時代氛圍以及詩形式的擇用等因素外，還牽涉到詩人自身的教育背景和個人經歷。上述詩人中，僅白靈是理工科出身，且於此領域耕耘任教數十年，其餘則為文科抑或商科畢業，如此差異便體現在創作主體之於意象的闡釋和延伸上。根據前述分析可以見得，白靈除了針對歷史事件做出必要臚列，亦將自身的科學涵養融入，令黑洞與中共政權緊密貼合，具象化地將之呈現，使讀者更能切實感受其形象和存在，即瘂弦所謂「實感」。而任明信、陳少、徐珮芬、湖南蟲等人則是偏向將具體存在的黑洞抽象化，透過關注它的某些特性和面向，將之放大拓展，把複雜的科學知識簡化，再與感性的的抒發融會，藉由與讀者共同關注的切身話題——愛情和現實壓力，塑造密切的群體關係，增加情緒上的共感。

從黑洞影像的拍攝、公布到展演，之於社會造成的迴響，相當程度映現了當人文與科學碰撞，是如何改變文學創作母題，從而轉換展現內心觀照的手法，辨析時人面對大時代的包容心理以及多元理念。

詩、夢與人生，固然是組成文學世界的重要因子，但它們同時亦是足以串連整個世界乃至於宇宙星河的想像要素，正如唐捐所言：「我曾聽人說過，詩是活潑、愛過、掙扎過時的痕跡。但我相信，詩也可以是逸離時空的證據。」[25]

---

25 〈新世代詩人大賞〉，《臺灣詩學季刊》第三十期，2000年3月，頁57。

周子雯（中央大學中文系碩士生）

「黑洞」在臺灣戲劇中的文學性與象徵意涵
——以林孟寰為例

當科幻與文學結合於舞台上

科幻與文學的結合，在二十一世紀初已逐漸出現在臺灣現代劇場當中，在王威智〈在人類與機器人之間：《方舟三部曲》的臺灣科幻劇場建構〉的研究中，以林孟寰的戲劇作品作為材料，闡述了臺灣現代科幻劇場的文化意義。我們根據其介紹的脈絡，先了解科幻類型素材是如何躍上臺灣劇場的舞台：

> 進入2000年代，隨著臺灣政治體制民主化與社會物質生活的提升，劇場更多轉向以性別、族群等多元認同政治群體的描寫為核心。至2010年代，則是出身於1980年代以降之創作者全面步入劇場，從自身成長、文化養成脈絡來創作臺灣戲劇的時期。……如此創作情境裡，解嚴後之現代劇場發展出了跨類型的表述實驗，政治意識亦尋求和國族主義脫鉤的敘事可能。創

1　王威智：〈在人類與機器人之間：《方舟三部曲》的臺灣科幻劇場建構〉（中國現代文學，第四十二期，2022年），頁248。

作者嘗試向通俗文化、類型文學取徑，以不同世界觀構築現實的科幻類型，緣此進入臺灣劇場創作場域。[1]

　　在談論科學與戲劇相結合的前提，我們勢必要理解科幻創作的分類走向。無論是對創作者或科幻迷來說，「硬科幻」和「軟科幻」將帶領受眾體驗到不同科學層面的背景設定。根據葉李華在〈科幻分類學〉中提到：「大體而言『硬科幻』注重科學考據，『軟科幻』則是披著科幻外衣的純文學。」[2] 以上述分類標準來看，軟硬科幻的界定過於極端，而一般在創作的過程中，「軟硬」並非絕對值，應是時而套入實際的科學背景，時而展現出天馬行空的文學想像，相互交織而成。

　　編劇林孟寰在《方舟三部曲》中提及，因為劇本創作專業出身，「硬科幻」是相對需要更多科學背景知識，創作門檻較高，也不見得能切合自身關注的題材，所以在科幻題材方面，林孟寰選擇了科學背景，進而延伸出故事的「軟科幻」，是相對較好著手的起點。[3]

　　由於黑洞的不可捉摸性，現今仍為學者爭相探索的領域，於是將黑洞在科學上的特性轉移到人文創作的場域，即是編劇與導演所面臨的挑戰。但也正因尚無完整的研究理論，進而延伸出許多空白的想像地帶，而這樣的留白足以提供創作者無限的展演空間。林孟寰作《黑洞春光》、《沙發有黑洞！》同樣以黑洞作為發想，創作了兩部風格截然不同的戲劇，以下筆者試圖分析「黑洞」在戲劇中的文學性與象徵意涵，以了解科技與人文結合的獨特詮釋。

2　葉李華：〈科幻分類學〉（科學月刊第586期，2018年10月1日）。取自：https://www.scimonth.com.tw/archives/1649
3　林孟寰：《方舟三部曲》（臺北：奇異果文創，2019年12月），頁67。

幽暗隱微的深櫃

在《黑洞春光》中，林孟寰抓準了觀眾對黑洞神秘的想像，將黑洞出現的地點安排在同樣暗無天日，卻可能是你我都有可能路過的臺北地下街，其中某間公廁的隔間牆上，如同兩名分別在2006年和2045年的少年，即使處在異時異地，皆因羞於承認同志的身分，潛藏在人群當中。

如在少男Ａ提到：「他常覺得自己胸口像是有個巨大的空洞，空得發慌。」除了因為害怕受到周圍人的責難而無法出櫃，就連在家中獨處時也無法隨心所欲的加入同志相關群組、交友，只能悄悄看論壇上的裸照，更甚是連打付費色情電話都必須膽戰心驚的進行，種種困難導致孤獨、無助的情緒不斷盤踞著兩人。而劇中的兩人除了分飾兩位少年外，也對演出少年心中「幻想出來的朋友」，一邊是渴望探索性愛的原始慾望，一邊則是被現實壓抑住的理智靈魂，如同佛洛伊德理論的「本我」與「自我」的相互對峙，少年內心的糾結、衝突，也正是使內心的空洞逐漸壯大的因素。

在此之前，我們必須先理解黑洞的重要特質──由於過大的引力，以至於時空極度的彎曲，連沒有質量的光線也隨著彎曲的空間走，無法逃離黑洞的吞噬，於是，只要接近黑洞的任何物體，就沒有倖免的可能。此刻，在胸口裡的巨大空洞，就等同於宇宙實體中完全與之脫節的黑洞，所見、所想將無法逃脫這個被慾望與壓抑交纏的領域，而被強大的引力拉入之後，將難以再離開這個封閉的空間。

除了劇情圍繞的「屌洞」，我們更可以從慾望的出入口──肛門切入分析。呼應前述提到的「胸口中的巨大空洞」只有在自慰後才能得到短暫的填滿，但隨之而來的仍是漫長的空虛感。少年Ａ也會試圖

使用手指探索：

> A：其實沒有很舒服，但他想像中，要鑽得夠深——
> B：跟地心一樣深，跟靈魂一樣深——
> A：或許感覺就不一樣了。

　　少年A在經過自我探索後，發覺自慰無法為身體帶來多大的快感，但慾望的擴張仍使他想像陽具侵入後所得到的「刺激」，台詞中直指跟「靈魂」一樣深，從身體跨越到心靈層面的描述，我們可以連結到王盛弘在〈惡作劇之吻〉一文中，提到同志在身體上的結合：

> 進入對方的生活和身體，好像利用鎖和鑰匙、太極陰陽或卡榫，去把對方牢牢地嵌合住；肉體上，圈裡人常使用的一種「進入」方式，是陽具進入肛門，那些美滿的雙方得到的，不僅止於生理上的快感，而是，一種兩人緊密貼合的親密，有人以為那就是天堂。[4]

　　由上述可知，對男同志而言，性行為並非僅追求高潮帶來的快感，他們更渴望的是透過身體之間的緊密貼合，以此得到心靈上的慰藉。於是，少年A先是嘗試用「愛的小手」製作成自慰棒：

> B：愛的小手……
> A：沒有手……

4　王盛弘：《一隻男人》（臺北：爾雅出版社，2001年），頁73-74。

B：也沒有愛……

A：只有痛……

（漫長無言，只有痛楚撕裂著。）

B：每個男人……都有個洞……等著，被填滿。

　　愛的小手本身不帶溫度，雖然充當陽具的角色滿足「進入」的要素，但仍無法感受「身體貼合」帶來的溫暖慰藉，隨之而來的是撕裂的劇痛和自卑感。自卑感從何而來？讓我們以同志族群的角度帶入思考。以華人社會而言，除了在公開場合「現身」需要更多的勇氣，就連在私密領域中要不受拘束的享受性愛、理所當然的探索自己的身體，都可能背負著一定程度的壓力──壓力來源不一定是來自他人的輿論譴責，更有可能是面對自己行為而產生的羞恥感。在好不容易突破心理束縛、赤裸的直面自己的慾望的當下，卻沒有得到想像中的快感外，還變本加厲的貶斥自己的性向，從而變得更加自卑。

　　就這樣，內心無法被填滿的空洞仍帶領兩位少年分別來到臺北地下街的廁所尋找另一個慾望的出口──「屌洞」，尋找未果後，兩人同時挖起廁所隔間的牆。「他就只是懷抱著希望，繼續一點一點地挖掘著……當這個洞挖穿的那一天，未來的自己會有什麼不一樣嗎？」林孟寰導演曾在分享創作《黑洞春光》和《沙發有黑洞！》的創作動機時提到：「黑洞可能是一個幽暗的、沒有出口的地方，但它可能也是一個新的、未知的出口，這個未知的出口也可能是心靈的出口。」在原本幽暗、封閉的黑洞印象之上，他又重新賦予黑洞一個新的詮釋──在兩人努力不懈的挖穿隔牆上的洞時，這個「黑洞」像是被賦予神奇的力量，突破時間和空間上的限制，連結了相差四十年的空間背景，讓兩人開始體驗了美好的性愛，但這美好的時光只能停留在這狹

小的隔間當中，一旦離了這個黑洞，將無法再連結到彼此，於是這未知的出口排解了兩人的生理需求之外，更為他們的心靈開出了全新的出路。

跨越時空的可能

在談論到「黑洞」的概念時，最有趣的科學假設就是與之相配的「白洞」、「蟲洞」了。前述提及黑洞吞噬掉周遭所有的物質後，接著就迎來了最直接的問題——這些物質除了消失不見的可能，是不是將有其他的出口？用簡單的語言來說明，如果黑洞是「只進不出」，那科學家將假設會有與之對應「只出不進」的白洞。而中間的連接橋梁，則假設叫「蟲洞」。這樣的理論一旦成立，即是我們想像中「時空之門」的雛型，而「時空旅行」也在眾人的心中埋下希望的種子，小說、影視戲劇等相關的創作空間也同時被建立起來。

《黑洞春光》中，即是以跨越時空的架構支撐整部戲劇，讓這神秘幽暗的洞，搭起兩人之間溝通的橋樑。起初，兩人各自挖穿了洞，並發現了洞另一頭的彼此，沒有過多的思考，只被慾望的浪潮襲遍全身，於是直接開啟了一場美好的性愛之旅。隨後，經歷了一次又一次的體驗後，當雙方都確定彼此仍在洞的另一端，卻怎麼樣也無法會面——即使不斷輪替體驗高潮，但在真實地感受到對方的溫度後，開了門卻總是空無一人。如此奇幻的體驗在黑洞神秘的壟罩下，又似乎能詮釋事件的合理性。而兩人也開始有一句沒一句的交流彼此所處在的空間，無意間發現彼此竟處在相差了四十年的時空：

　　　B：在他的臺北，有個叫紐約紐約的地方，門口還有一尊縮小

版的自由女神像。

A：在他的臺北，有一座比一零一還高的毛澤東雕像，無論在
　　哪裡轉頭就能看見。

B：我的臺北，並不是他的臺北。

——

A：花了好一段時間，才終於搞清楚這到底是怎麼一回事。

B：這個洞似乎只屬於我們兩人，而他是四十年前世界的人。

A：他是四十年後世界的人。

　　台詞用對比的手法，讓在同一個地點的臺北，在四十年間產生
了天翻地覆的變化。除了地景風情的變化，我們也看到劇情的設定也
包括政治的對立——一邊是象徵自由民主的自由女神像，一邊是象徵
共產集權的毛澤東雕像。在這樣截然不同的時空設定要同框出現，勢
必就是要使用跨越時空的手法，而在舞台上，僅是一道薄牆、一個小
洞，就能將兩人的生活圈結合在一起。原本荒謬的劇情走向在白洞、
蟲洞的理論支撐下，又不顯得格外詫異了。

　　創作者設定了在迥異的政治背景下，兩個青年在言談之間，相互
理解對方所在的地方是個什麼樣的環境，於是兩人不禁驚呼：

A：明明才沒多久以前，為什麼那麼不可思議？

B：明明是沒多久之後，為什麼所有東西都變了？

　　短短四十年的時間，兩個人所熟知的臺北早已面目全非。然而放
眼望去，一切街景無論如何變換，對他們來說，是身在民主開放的社
會，抑或封閉保守的氛圍，「現身壓力」[5]卻是這四十年間毫無變化

的沉重負擔。在2045年的時空背景，正值臺灣光復百週年，出現了抓捕「那個」（同志）的獵人群體，而這些獵人，正是用以自身當作誘餌的理由，把自己同志的身份隱密的包裹著。在王盛弘的散文〈夜遊神〉中也有這麼一段描寫：

> 獵人現身，不都以獵人的姿態，常常卻是獵物的形象，事實上，最驍勇的獵人同時是眾所追逐的獵物。[6]

　　而自比為獵物的前提，必是知道自己有做為獵物的資格，在文學作品中談論男同志的「自我欣賞」的心理傾向，已有多篇研究討論[7]，此處不加以贅述。《黑洞春光》中的少年雖然並非如〈夜遊神〉中的男同志，為了吸引獵物，鍛鍊自己的體格，好讓其他同樣具備魅力的男性來獵捕自己，但在台詞中隱約可看出少年對自身魅力有著相當程度的掌握，如「一場狩獵遊戲開始了，他是同學間最熟練的少年獵人。」

　　但即便在外風光如斯，他對於自己是「那個」卻是極力迴避，甚至舉報了自己暗戀的男性友人，雖劇中未明確說明原因，但我們能夠推知，也許有對方的存在，少年強烈感受到自己對同性濃烈的愛戀，為了消除這種過於真實的體驗，他只得濫用權力，消除對方的一切，

5　現身（coming out）是一個用來描述同性戀者自我認同歷程和範圍的名詞。「現身」是一種持續進行的過程，它包含向自己、朋友、家人或陌生大眾表露自己同性戀者的身分。引自黃玲蘭：〈從「同性戀認同歷程」談女同志的現身壓力與因應策略〉（新竹：元培學報第十二期，2005年），頁34。

6　王盛弘：《關鍵字：臺北》（臺北：爾雅出版社，2001年），頁24。

7　如李東霖〈臺灣當代男同志散文的慾望書寫〉中專闢「自戀心理傾向」一章談論。

好使自己得以控制住自身的情感，維持自己的社會責任。此處我們也能夠連結到現實社會中，部分同志群體仍受困於社會給予的身分期待——做個好伴侶、好爸爸／媽媽，儘管自己喜歡的是同性，卻只能扼殺心中萌生的悸動，畢竟「想過著正常人生活，是必須付出代價的」少年的一席話，也許道出的是千千萬萬人沉重的心聲。

　　洞無緣無故消失了一陣子，又在兩人承受失去彼此的痛苦後無預警的連結上，無形的力量讓兩個少年正視自身的情感，並約定好在四十年後相見。不禁讓人聯想到愛因斯坦的廣義相對論——若一方準備進入黑洞，另一方則在極遠處觀看進入的過程，以不同的位置觀看彼此，對於時間的快慢感受是相反的。如同劇中的兩人，對於處在2045年的少年來說，他們約定的「明天見」，對另一方來說，是漫長的四十年。這樣的空白或許留給觀眾一個念想，少年如何度過這漫長的時光？他是否還記得當初與牆另一頭的少年的約定呢？

　　直到劇末，在最後少年的爸爸握住少年的手，唱著「大象，大象，你的鼻子怎麼那麼長潘殷琪：現代詩中的「黑洞」意象 ・ 126—媽媽說，鼻子長，才是漂亮。」在劇中，兩人不時穿插合唱的兒歌，揭示了爸爸的身分——因為身為「那個」而被抓去勞改的爸爸，正是與他約定相見的少年。於是我們了解到了爸爸在這四十年間的經歷，不斷帶男人回家，並試圖從他們做愛的過程渴求愛的蹤跡，爸爸的空虛與寂寞便可想而知，「明天見。」看似輕描淡寫，但對兩個內心亟需求愛的少年來說，一切都該是如此的漫長。

跨文本的對讀——駱以軍《匡超人》、《小兒子》

　　林孟寰導演的另一部戲劇作品《沙發有黑洞！》原是由駱以軍的

散文《小兒子》改編。《小兒子》中的一篇〈沙發〉內容講述在沙發的扶手有個小洞，在兒子的摳弄下越來越大，從小洞挖成能放下手搖飲料大小的洞，駱以軍形容這是供應果汁的「尊爵艙」、專屬奶嘴，簡短的故事讀來逗趣可愛。而只是為了放飲料的簡單慾望，來到駱以軍的《匡超人》又是迥然不同的寫作風格了。

導演並未直接引用《匡超人》作為故事基底，但內容關於「洞」的描寫卻頗有異曲同工之妙。《匡超人》原名為《破雞雞超人》一切的故事都從陰囊「破了個洞」作為故事的開端，原本主角只是想塗個藥水了事，不料這個破洞不但劇痛不已，還久久無法癒合，主角只好到處尋醫問藥，卻只得到「再觀察看看」的結論。主角在面對他人試探性的詢問與自己內心的反問，有了以下的敘述：

> 破雞雞超人感到睪丸那個裂洞的劇痛，像電擊刷從盤腿的褲襠上竄到腦門。他一直迷迷糊糊，搞不懂自己為何像空洞的二維生物，存在在這個充滿快轉畫面、混亂的都市人群，時斷時續的電影般的場景裡。為何他胯下的雞雞有個像鵝嘴瘡的破洞，始終不會好。
>
> ——
>
> 他該修補這些，像近距離看，他雞雞上那個哀傷，若是探進去是宇宙黑洞的窟窿啊。

王德威於《匡超人》序言〈洞的故事——閱讀《匡超人》的三種方法〉其中提到：「洞是那開啟與吞噬一切的魖裂，帶來一種（自我）分裂的恐懼和不可思議的誘惑。小說中的洞始於陰囊下不明所以的小小裂口，逐漸成為敘事者駱以軍焦慮的根源。」[8] 主角看陰囊上

的洞，就像「用觀測器觀察莫名奇妙源來太陽系裡的一枚和月亮差不多大小的黑洞，人們沸沸騰騰，覺得那是另一個遙遠外星文明要來毀滅我的地球文明的高端武器。」[9]可見其是多麼重視雞雞上那如同時間被靜止般的黑洞，而「破雞雞超人」在主角的想像下，如同在宇宙黑洞的窟窿，深不見底的背後可能有更多可能的故事，他被主角賦予重大的意義，即便產生的故事是多麼荒誕不經，但米老鼠、唐老鴨等角色「一開始是從多嚴密、多偉大的創意中長出來的嗎？」[10]我們在看《破雞雞超人》時，可能會被雜亂繁複的想像或連結眩暈了雙目，但如同王德威所説：「對駱以軍而言，治小説有如治雞雞，沒來由的破洞開啟了他的敘述，他越是堆砌排比，踵事增華，越是顯現那洞的難以捉摸，『時間停止的破洞』。」因此，我們可以被説服，那個毫無來由的破洞帶給了觀眾想像的空間。

　　王德威將《匡超人》定調為童騃書寫，「網上的討拍賣萌，老少咸宜，基本潛台詞是我們還小，都需要被愛。然而那所謂關愛的資源又來自哪裡？還是這關愛本身就是無中生有，卻又無從落實的慾望黑洞？」[11]無論是〈沙發〉中的小兒子隨著自己的想像力，手癢挖出了一個大洞，放下特大杯的百香ＱＱ，還是《黑洞春光》中，兩位少年順應身體本能的性慾，來到「屄洞」面前揭示自己最赤裸的一面，都是我們以人文角度談論「黑洞」時所激發的各項可能。在人文與科學的對談的過程，或許已將隱喻及象徵的意向，建構成連結黑洞的隧道，指向未知卻充滿希望的出口。

8　駱以軍：《匡超人》（臺北：麥田出版，2018年），頁6。
9　駱以軍：《匡超人》（臺北：麥田出版，2018年），頁200。
10　駱以軍：《匡超人》（臺北：麥田出版，2018年），頁199。
11　駱以軍：《匡超人》（臺北：麥田出版，2018年），頁5。

「黑洞」不同面向的可能性——王墨林《黑洞》系列

　　其實，林孟寰並不是臺灣現代劇首先處理黑洞題材的劇作家，大約二十年前，王墨林就已經有黑洞系列創作了。

　　劇場導演王墨林在經歷九二一大地震後，看到災後毀壞陷落的路面，猶如黑洞般，除了吞噬一切所見之物，更是「在指涉身體傷痛的記憶，藉災難演繹出一種歷史斷裂的隱喻。」[12] 他在2000年至2002年間創作了《黑洞》一系列的作品。

　　《黑洞I》首先帶來的就是跟九二一有關的主題。在舞台上，垂吊下來的鋼筋、傾頹的門板，以「你聽過土地的喊叫聲嗎？」拉開序幕，隨後，伴隨舞台周圍的水窪，演員在當中狼狽地喊叫、緩慢地蠕動爬行，最令人感到顫慄的是演員談論著「吃人」的問題，如「白種人可以吃黃種人嗎？黃種人可以吃自己嗎？」、「國家可以吃人民嗎？人民可以吃階級鬥爭嗎？反正都是被消費的食物。」在這黑洞當中，所有資本社會的迫害透過身體對食物的渴望般一覽無遺，導演透過身體的本能反應，帶領觀眾思考這樣「人吃人」的悲劇是否正確？

　　而在台詞中，地洞下的人們空洞的嗓音傳出「我一直孤零零的

---

12 黃雅慧：《「戒嚴」身體論：王墨林與 80 年代小劇場運動》（國立陽明交通大學社會與文化研究所碩士論文，103年6月）頁91處，提及如王墨林在〈「黑洞」導演筆記〉中描述的意象：「九二一之後，在災區眼睜睜看到在一條大馬路上，整個路面陷落一大塊。路人緊圍著陷落的路面周邊，瞪著黑森森的下水道，比手畫腳。穿著一套血紅色洋裝，而且帶著一頂鳳飛飛帽子的女市長，站在洞口旁邊聆聽幕僚的報告。……假若大馬路可以這樣塌陷下去的話，我如在夢裡感覺到，腳下踩著這塊漂浮不定的土地，其實也是越來越接近沈淪下去的；我一直凝視著那位臃腫，俗艷的女市長，她站在黑洞旁邊忙不迭地打著手機。」由此分析王墨林透過「黑洞」來敘述臺灣歷史的記憶與對人民心中脆弱之處的救贖。

依靠我自己」、「忘了、忘了……」、「我們在黑暗的宇宙裡，飄著……」孤獨的在水中掙扎著，對應了黑洞的特性——遺世而獨立的存有，且在宇宙的洪流當中逐漸被遺忘，無助的情緒時而激昂、時而絕望，現場的氛圍數度掐住了人的呼吸，彷彿自身也被強大的引力拉進黑洞的中心，一股巨大的壓抑能量也隨之迸發。

《黑洞II》和《黑洞之外》帶來了更不同面向的演出。在《黑洞II》的劇情中，其中一名災後倖存者想透過民間所謂「觀落陰」的方式來尋找自己因為大地震而離世的妻子靈魂，有了以下的對話：

> 「這裡誰都不認識誰，因為我們在一片黑暗中，記憶力好像也成為了一片漆黑。」
> 「那麼，這裡總該有地名吧？」
> 「可以叫它黑洞。」

在陰間遊蕩的靈魂什麼也看不見，身處於黑暗當中暗無天日，同時也被這個世界逐漸遺忘，黑洞的隔絕性於此刻又再次被凸顯出來，表演者那一聲聲「黑洞」彷彿是對自己的嘶吼，但回應自己的只有微微的回音，和無窮無盡的絕望。

而在《黑洞之外》的表演中，只有一位盲人演員在舞台上演獨角戲，盲人不斷問著問題，卻無法得到回應，於是站起身來，伸出雙手不斷向周圍摸索。此時，整個舞台幻化成真實的黑洞，身陷其中的人們所表現的恐懼、無助、絕望一覽無遺。於是由黑洞所延伸、象徵的「遺忘」與「遺留」，更具體的被觀眾感知，在演出手冊中有王墨林對《黑洞之外》更具體的創作理念：

其實，我們真正面對的是那不斷的「遺忘」；正因為只有「遺忘」，我們才能繼續活在一個虛構的共同體想像中。1999 年那場 921 大地震不正是已經被我們「遺忘」了嗎？[13]

經歷過九二一的人們將逐漸被時間巨大的洪流給淡忘，而同樣身經重災的王墨林來說，透過戲劇的呈現讓幾年後的觀眾再次想起當時的慘劇。而在《黑洞之外》中的盲人演員在戲劇尾聲，緩緩拿起椅子，坐在一盆長著細長卻光禿的盆栽後，娓娓說出：「我記得，那是場大地震。」語畢，便拿起椅子離開，將聚光燈打在那盆栽上。什麼樣的人會記得？卻是那同樣經歷過恐怖經歷，早已千瘡百孔的人間，如同那瀕臨死亡的盆栽，於是，孤獨之感又再次瀰漫，陰鬱的氛圍籠罩在觀眾的心上。王墨林透過「黑洞」作為媒介，給觀眾傳遞最真實的孤寂感，使得它的文學張力與戲劇完美的融合，帶給觀眾被黑洞吞噬的衝擊與省思，與前述討論的《黑洞春光》表現手法大相逕庭，但卻有異曲同工的巧妙之思。

---

13 王墨林〈一個關於遺忘的故事〉，《黑洞之外演出手冊》（2002）。

黑洞：科學、文學與藝術

2022年余紀忠講座邀請中研院賀曾樸院士來講〈史上首張直接觀測到的黑洞影像〉，我第一時間就萌生「對話」的念想，繼之而有「黑洞週」的構想：包括一場座談會、一場微型研討會、一場以人文黑洞為名的展覽、放電影（如《星際迷航》）加上映後座談等，最後彙整成果出書。基於主客觀條件，我很快就放棄做「大」，但題目有趣，在校園也確有推廣的必要，我因此決定策劃一場座談會。

為此，我首先上網全面搜尋黑洞資料，陸續發現黑洞在人文藝術領域四處出現，包括現代詩、歌曲、小說、電影、戲劇等，非常值得跨領域整合探討；其次，我開始多方面了解領域專家，徵詢出席座談的可能性，獲得本校科教中心朱慶琪主任、天文所陳文屏教授、歷史所蔣竹山教授、中文系李欣倫教授，以及名詩人白靈、編劇林孟寰等人的惠允，分從科學、歷史、新詩、電影、戲劇、歌曲等角度，探索人文領域「黑洞」意象。我當時為活動寫下的海報文案如下：

> 「黑洞」是天文學中備受矚目的議題，伴隨第一、二張黑洞影像的曝光，更掀起了各方面的關注。然而，「黑洞」不僅在科學領域熱門，在人文藝術的世界中，也出現不少與「黑洞」相關的作品，展現著人類對「黑洞」的另一種認知。

座談會於去年12月29日在中央大學107電影院舉行。由於活動屬性，我們特邀科學教育中心和圖書館合辦，由科教中心朱慶琪主任和

我共同主持，現場聽眾不少，可見黑洞議題還真的吸引人。

　　我們想把活動內容彙編成書，首要之務當然是把聲音轉成文字，看起來容易，其實很不簡單，這涉及語言表達（說）和文字書寫（寫）的不同，也關乎聽講（聽）和閱讀（讀）的差異，所以聲音轉成文字以後，如果要成為可閱讀的篇章，稿件必須經過處理（潤飾、下標），因為處理過，就必須請原講者確認，從編輯的角度，這過程即「記錄整理－過目審訂」，輕忽不得。

　　座談會從成篇到成書之間是另一個考量的重點，講者現場受限於時間，通常是無法暢所欲言，而一本獨立而完整的書，應該可以給讀者更多，我們當然可以用附錄的方式，選刊一些相關的文章，但也可以另外設法，我想到這可以讓研究生有一個實兵演練的機會，於是選定幾個子題（歌曲、電影、新詩、戲劇），邀請幾位研究生（蘇嘉駿、張媛晴、潘殷琪、周子雯，都是中文系研究生）撰寫專文，雖未送審，但過程中曾和他們討論，也詳細閱讀他們的文稿，作了必要的稿件處理。

　　這本書既由座談實錄和專文探討兩部份組成，因之就不僅是活動的報導，且有專題論述的意味，我在賀院士「黑洞」講座專書的〈編後記〉中，說他「以一個非常人文的方式開頭」，我今以另一本專書呈現「黑洞」進入人文領域的諸貌，一方面向天文學家致敬，另一方面也展示人文力量，提供更寬闊的開放性對話空間。

國家圖書館出版品預行編目(CIP)資料

黑洞:科學.文學與藝術 = Black hole : science, literature
and art / 周子雯, 張媛晴, 潘殷琪, 蘇嘉駿文稿撰寫 ;
李瑞騰主編. -- 桃園市 : 國立中央大學, 2023.12
面 ；　公分. -- (人文中大書系 ; 8)
ISBN 978-626-98094-0-0(平裝)

1.CST: 黑洞 2.CST: 人文學 3.CST: 對話 4.CST: 文集

323.907   112020131

人文中大書系 ⑧
《黑洞：科學・文學與藝術》

發行人／　周景揚
出版者／　國立中央大學
編印／　　人文藝術中心
地址／　　桃園市中壢區中大路300號
電話／　　03-4227151 #33080

主編／　　李瑞騰
執行編輯／梁俊輝・鄧曉婷
文稿撰寫／周子雯・張媛晴・潘殷琪・蘇嘉駿
　　　　　（按姓氏筆畫排序）
文稿編校／田惠心

設計／　　不倒翁視覺創意 ononstudio@gmail.com
印刷／　　松霖彩色印刷事業有限公司

出版日期／2023年12月
定　　價／新台幣240元整
ISBN／　　978-626-98094-0-0
GPN／　　1011201856